国家骨干校建设项目成果
全国高等职业教育应用型人才培养规划教材

CPLD/FPGA 技术应用项目教程

陈明芳　樊秋月　主　编

尹海昌　黄进财
　　　　　　　　副主编
王志辉　王　超

电子工业出版社

Publishing House of Electronics Industry

北京 · BEIJING

内 容 简 介

本书以 SP-FGCE11AFPGA 实验箱为硬件平台阐述了基于 CPLD/FPGA 技术的常见数字电路和数字系统的设计方法，主要目标是培养学生熟练使用 EDA 开发工具，应用 Verilog HDL 硬件描述语言开发电子产品所需的综合知识、素质和技能。

本书按照基于工作过程的"项目"载体和适应"任务驱动"教学模式的思路进行编写，"项目"的选取上以直观性、实用性、针对性为原则，按照学生的认知规律（由浅入深、由简单到复杂、由单项到系统、由验证到设计）对教材内容进行科学合理的安排。全书共 3 个模块，模块一选取 14 个常见数字电路设计作为项目载体，介绍 EDA 技术发展概况和硬件描述语言的相关知识、Quartus II 软件和 ModelSim 软件的使用方法与技巧和运用 Verilog HDL 设计简单数字电路或系统。模块二选取 11 个基于 SP-FGCE11AFPGA 实训平台的项目为载体，介绍可编程逻辑器件产品概况和用硬件描述语言驱动常见外围硬件资源设计数字系统的方法。模块三选取了多功能数字电子时钟、VGA 图像显示、UART 通信接口和 I^2C 总线接口设计四个综合设计项目，介绍怎样运用自顶向下的数字电路设计方法完成较复杂的数字系统设计。

本书可作为高职高专通信技术专业、应用电子技术专业、电子信息工程技术专业及相近专业的教材，也可供相关技术人员参考。

图书在版编目（CIP）数据

CPLD/FPGA 技术应用项目教程 / 陈明芳，樊秋月主编. 一北京：电子工业出版社，2015.1
全国高等职业教育应用型人才培养规划教材

ISBN 978-7-121-24496-4

Ⅰ. ①C… Ⅱ. ①陈… ②樊… Ⅲ. ①可编程序逻辑器件－高等职业教育－教材 Ⅳ. ①TP332.1

中国版本图书馆 CIP 数据核字（2014）第 233229 号

策划编辑：王昭松
责任编辑：郝黎明
印　　刷：北京七彩京通数码快印有限公司
装　　订：北京七彩京通数码快印有限公司
出版发行：电子工业出版社
　　　　　北京市海淀区万寿路 173 信箱　邮编　100036
开　　本：787×1 092　1/16　印张：15.25　字数：390.4 千字
版　　次：2015 年 1 月第 1 版
印　　次：2024 年 7 月第 6 次印刷
定　　价：34.00 元

凡所购买电子工业出版社图书有缺损问题，请向购买书店调换。若书店售缺，请与本社发行部联系，联系及邮购电话：（010）88254888，88258888。
质量投诉请发邮件至 zlts@phei.com.cn，盗版侵权举报请发邮件至 dbqq@phei.com.cn。
本书咨询联系方式：（010）88254015，wangzs@phei.com.cn，QQ：83169290。

前　言

本书是根据国家高职骨干校重点建设专业的课程标准及模式，结合应用 CPLD/FPGA 技术开发电子产品的工作内容，并针对学生的实践能力和再学习能力的培养而编写的基于工作过程的项目教材。

CPLD/FPGA 技术包含了硬件描述语言、EDA 工具软件、PLD 器件及数字系统设计方法等多方面知识，对高职高专学生来说，要掌握这些知识和技能有较大的难度。因此，本书打破传统的学科式教材的模式，针对学生循序渐进地掌握知识的认知规律，使项目的设计由浅入深地将 EDA 工具的使用，Verilog HDL 语法规则、基本数字逻辑电路和复杂电子系统设计的方法和步骤逐渐融入到各个项目中，每个项目的设计都是按照工作过程进行和实施的，每个项目都以"项目要求—项目相关知识—项目实施—拓展练习"结构形式组织，"每个项目重复的只是过程"，每个项目都在已具备的知识基础上增加了新知识、新内容，通过不断地温故知新的方式，让学生能够较容易地完成新任务的学习。

本书由广东科学技术职业学院的陈明芳教师担任主编，负责编制提纲和统稿工作，并编写了模块二的项目 1～项目 16、模块三的项目 1 和项目 2；广东科学技术职业学院的樊秋月教师编写了模块一的项目 1～项目 6；广东科学技术职业学院的黄进财教师编写了模块一的项目 11～项目 14；广东科学技术职业学院的尹海昌教师编写了模块二的项目 7～项目 11；广东科学技术职业学院的王志辉教师编写了模块一的项目 7～项目 10；北京凌阳爱普科技有限公司王超工程师编写了模块三的项目 3 和项目 4。

本书在编写过程中参阅了大量同类教材，在此对这些教材的作者表示衷心的感谢！

本书在编写过程中得到了北京凌阳爱普科技有限公司大力支持和帮助，该公司的王超工程师和李哲哲工程师均为本书的撰写提出了宝贵的建议，表示诚挚的谢意。

另外，广东科学技术职业学院应用电子技术专业陈伟传、刘远辉、林景超、郭远强、吴集明和林晓明等同学完成了本书的文字和格式校对工作，在此一并表示感谢。

限于编者的水平，书中难免有不妥之处，恳请读者批评指正。

编者

2014 年 8 月于珠海

目　　录

模块一　EDA 基础设计项目

模块二　FPGA 技术应用项目

模块一

EDA 基础设计项目

本模块选取 14 个常见组合逻辑电路和时序逻辑电路的设计作为项目载体，希望通过这些项目的训练，使学生能够了解 EDA 技术和硬件描述语言的相关知识，掌握 Quartus II 软件和 ModelSim 软件的使用，能够运用 Verilog HDL 设计简单数字电路或系统。

项目1　3-8 译码器设计

 项目要求

一、项目任务

◆ 用 Quartus II 软件和 Verilog HDL 设计 3-8 线译码器电路。
◆ 用 ModelSim 软件对 3-8 线译码器电路进行调试并仿真。

二、实训设备

◆ 装有 Windows 系统和 Quartus II 软件的计算机一台。

三、学习目标

◆ 了解 EDA 技术发展历史和发展趋势。
◆ 理解 3-8 译码器原理。
◆ 初步了解硬件描述语言。
◆ 会用 Verilog HDL 设计译码器电路。
◆ 掌握 Verilog HDL 模块结构。
◆ 学会 Quartus、ModelSim 软件的使用。

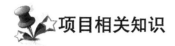项目相关知识

一、EDA 技术与硬件描述语言

1．EDA 技术

EDA 是电子设计自动化（Electronic Design Automation）的缩写，在 20 世纪 60 年代中期从计算机辅助设计（CAD）、计算机辅助制造（CAM）、计算机辅助测试（CAT）和计算机辅助工程（CAE）的概念发展而来的。EDA 技术是指以计算机为工作平台，融合了应用电子技术、计算机技术、信息处理及智能化技术的最新成果，进行电子产品的自动设计。

利用 EDA 工具，电子设计师可以从概念、算法、协议等开始设计电子系统，大量工作可以通过计算机完成，并可以将电子产品从电路设计、性能分析到设计出 IC 版图或 PCB 版图的整个过程的计算机上自动处理完成。

从 EDA 设计技术的发展历史来看，它大致经历了 3 个重要阶段，即第一代 EDA 工具的产生和发展、第二代 EDA 工具的产生和发展及第三代 EDA 工具的产生和发展。每一代 EDA 工具都具有其优缺点，后一代 EDA 工具都是对前一代 EDA 工具的不断改进和功能扩展，从而不断满足各个历史时期设计人员的开发需要。

（1）第一代 EDA 工具。随着中小规模集成电路的开发应用，传统的手工制图设计印制电路板和集成电路的方法已经无法满足设计精度和效率的要求，因此工程师们就开始进行二维平面图形的计算机辅助设计，以摆脱复杂机械的版图设计工作。

20 世纪 70 年代，第一代 EDA 工具产生了，它的典型代表是风靡一时的 TANGO 软件。在当时的情况下，EDA 工具供应商只有很少的几家，开发技术十分不成熟，EDA 工具的功能和自动化程度较低，而且产品也几乎全部面向 LSI 或 PCB 的设计，应用领域比较单一。一般来说，第一代 EDA 工具也称为 CAD（Computer Aided Design，计算机辅助设计）。

（2）第二代 EDA 工具。随着科学技术的不断进步和发展，许多公司（如 Mentor 公司、Daisy System 公司、Logic System 公司）进入了 EDA 工具的市场，它们开始为设计开发人员提供电路图逻辑工具和逻辑模拟工具的 EDA 软件，这个时期的 EDA 工具以数字电路分析工具为代表，主要功能是用来解决电路设计没有完成之前的功能检验问题。

20 世纪 80 年代，第二代 EDA 工具产生了，它主要以计算机仿真和自动布局布线技术为核心，同时产生了 CAM（Computer Aided Manufacturing，计算机辅助制造）、CAT（Computer Aided Test，计算机辅助测试）、CAE（Computer Aided Engineering，计算机辅助工程）等新概念。第二代 EDA 工具的应用软件主要有数字电路分析、模拟电路分析、印制电路板、现场可编程门阵列的布局布线等，它们以软件工具为核心，即针对产品开发分为设计分析、生产测试等多个独立的软件包，每个软件只能完成其中的一项工作，通过顺序循环完成设计的全过程。

第二代 EDA 工具的最大缺点是不能进行系统级的仿真和综合，如果在产品发展的后期才发现设计错误，进行修改无疑是十分困难且浪费大量的人力。另外，由于软件开发商的不统一，一个工具的输出作为另外几个工具的输入需要进行界面处理，影响了 EDA 工具的设计速度。

（3）第三代 EDA 工具。20 世纪 90 年代后期，各大 EDA 厂商开始推出以高级语言描述、系统级仿真和综合技术为核心技术的第三代 EDA 工具，目前设计人员使用的 EDA 工具都属于

第三代 EDA 工具的范畴之内。第三代 EDA 工具以逻辑综合、硬件行为仿真、参数分析和测试为重点，提供了门类齐全和满足系统设计需要的全部开发工具。例如，描述设计意图的设计输入工具、具有逻辑综合和设计优化能力的设计工具以及验证设计和评估性能的仿真工具。

第三代 EDA 工具的主要特征是自动化程度大大提高，设计人员只需要在前期进行较少的设置便可以由计算机完成整个设计，人工干预大大减少，设计效率大大提高。第三代 EDA 系统主要以并行设计工程的方式和系统目标设计方法为支持。系统设计的核心是可编程逻辑器件的设计。由于可编程逻辑器件自身的可重复编写的特性，使电子设计的灵活性和工作效率大大提高。

随着科学技术的不断发展，EDA 设计技术的发展趋势主要体现在以下几个方面。

（1）EDA 工具的 PC 平台化。目前，可编程逻辑器件和 EDA 技术的结合为电子系统的设计带来了极大的方便，它们已经成为设计人员进行系统设计的主要工具。在过去相当长的一段时间内，EDA 工具软件价格十分昂贵，它的操作平台是工作站和 UNIX 操作系统，硬件环境要求高，因此大大阻碍了 EDA 工具的迅速普及。

最近十年内，经过 EDA 厂商和科技研发人员的共同努力和推广，EDA 工具的 PC 平台化进展速度十分显著，如 Xilinx 公司的 Foundation 和 ISE、Altera 公司的 MAX+Plus II 和 Quartus II 都是可以在 Windows 或者 Windows NT 操作系统中运行的 EDA 工具。这些基于 PC 平台的 EDA 工具包含有逻辑设计、仿真、综合、优化等工具，而且价格比较便宜，目前已经得到了十分广泛的应用。

可以看出，随着 PC 性能的不断提高，基于 PC 平台的 EDA 工具的软件功能将会更加完善和齐全。因此，EDA 工具的 PC 平台化是 EDA 工具迅速普及的重要前提，同样它也是 EDA 设计技术发展的必然趋势。

（2）EDA 设计技术朝着 ESDA 和 CE 方向发展。对于现有的各种 EDA 工具来说，各种 EDA 工具通常是用来进行某一方面的系统设计，如 Protel 工具主要是用来进行印制电路板的设计操作。随着科学技术的发展以及缩短电子系统设计周期的要求，设计人员往往希望各种不同功能的 EDA 工具能够在统一的数据库或者管理框架下进行工作，因此提出了 ESDA 和 CE 的概念。

ESDA（Electronic System Design Automation）即电子系统设计自动化，它强调建立从系统到电路的统一描述语言，同时考虑仿真、综合与测试，把定时、驱动能力、电磁兼容特性、机械特性、热特性等约束条件加入到设计综合中，然后进行统一的设计描述和优化操作，从而提高系统设计的一次成功率。ESDA 要求系统级设计人员改变优先考虑具体实现的传统思路，而是集中精力进行系统的总体设计、综合方案比较和优化设计。可见，这将会是一种全新的设计思路。

CE（Concurrent Engineering）即并行设计工程，它要求 EDA 工具从管理层次上把与系统设计有关的工具、任务、时间、工艺等进行合理安排，设计人员使用统一的集成化设计环境，各个设计小组能够共享与设计相关的数据库和其他资源，这样可以同步地进行系统的设计工作。可以看出，CE 改变了在系统设计中过分依赖专业分工和设计人员专业知识的传统设计方法。

（3）EDA 工具应该具有编译选择能力。对于 EDA 工具开发厂商来说，除了简单加快软件的编译速度外，EDA 设计工具还应该能够减少编译时间，而不需要考虑其编译处理的能力如何。在一个具体的设计过程中，最耗费时间的应该是布局和布线过程，如果能够减少布局和布线过程的时间，那么将会大大提高系统设计的效率。随着技术的不断发展，设计人员希望能够实现一种编译选择的方案，即 EDA 工具应该具有只对上次编译后发生变化的那部分设计进行布局和布线操作的能力，即增量编译能力。可以看出，具有增量编译能力的 EDA 工具将是未来 EDA 设计技术的一个发展方向，它将会大大提高设计效率，从而缩短产品开发周期，进而提高产品的市场竞争力。

2. 硬件描述语言

硬件描述语言 HDL（Hardware Description Language）是一种用形式化方法来描述数字电路和设计数字逻辑系统的语言。它可以使数字逻辑电路设计者利用这种语言来描述自己的设计思想，然后利用电子设计自动化(在下面简称为 EDA)工具进行仿真，再自动综合到门级电路，再用 ASIC 或 FPGA 实现其功能。目前，这种称为高层次设计（High-Level-Design）的方法已被广泛采用。据统计，在美国硅谷目前约有 90%以上的 ASIC 和 FPGA 已采用硬件描述语言方法进行设计。

硬件描述语言的发展至今已有二十多年的历史，并成功地应用于设计的各个阶段：仿真、验证、综合等。到 20 世纪 80 年代时，已出现了上百种硬件描述语言，它们对设计自动化起到了极大的促进和推动作用。但是，这些语言一般各自面向特定的设计领域与层次，而且众多的语言使用户无所适从，因此急需一种面向设计的多领域、多层次、并得到普遍认同的标准硬件描述语言。进入 20 世纪 80 年代后期，硬件描述语言向着标准化的方向发展。最终，VHDL 和 Verilog HDL 语言适应了这种趋势的要求，先后成为 IEEE 标准。把硬件描述语言用于自动综合还只有短短的六七年历史。最近三四年来，用综合工具把可综合风格的 HDL 模块自动转换为电路发展非常迅速，在美国已成为设计数字电路的主流。本书主要介绍如何来编写可综合风格的 Verilog HDL 模块，如何借助于 Verilog 语言对所设计的复杂电路进行全面可靠的测试。

Verilog 是由 Gateway 设计自动化公司的工程师于 1983 年末创立的。当时 Gateway 设计自动化公司还叫做自动集成设计系统（Automated Integrated Design Systems），1985 年公司将名字改成了前者。该公司的菲尔·莫比（Phil Moorby）完成了 Verilog 的主要设计工作。1990 年，Gateway 设计自动化被 Cadence 公司收购。

1990 年初，开放 Verilog 国际（Open Verilog International，OVI）组织（即现在的 Accellera）成立，Verilog 面向公有领域开放。1992 年，该组织寻求将 Verilog 纳入电气电子工程师学会标准。最终，Verilog 成为了电气电子工程师学会 1364—1995 标准，即通常所说的 Verilog-95。

设计人员在使用这个版本的 Verilog 的过程中发现了一些可改进之处。为了解决用户在使用此版本 Verilog 过程中反映的问题，Verilog 进行了修正和扩展，这部分内容后来再次被提交给电气电子工程师学会。这个扩展后的版本后来成为了电气电子工程师学会 1364—2001 标准，即通常所说的 Verilog-2001。Verilog-2001 是对 Verilog-95 的一个重大改进版本，它具备一些新的实用功能，如敏感列表、多维数组、生成语句块、命名端口连接等。目前，Verilog-2001 是 Verilog 的最主流版本，被大多数商业电子设计自动化软件包支持。

2005 年，Verilog 再次进行了更新，即电气电子工程师学会 1364—2005 标准。该版本只是对上一版本的细微修正。这个版本还包括了一个相对独立的新部分，即 Verilog-AMS。这个扩展使得传统的 Verilog 可以对集成的模拟和混合信号系统进行建模。容易与电气电子工程师学会 1364—2005 标准混淆的是加强硬件验证语言特性的 SystemVerilog（电气电子工程师学会 1800—2005 标准），它是 Verilog-2005 的一个超集，它是硬件描述语言、硬件验证语言（针对验证的需求，特别加强了面向对象特性）的一个集成。

2009 年，IEEE 1364—2005 和 IEEE 1800—2005 两个部分合并为 IEEE1800—2009，成为了一个新的、统一的 SystemVerilog 硬件描述验证语言（Hardware Description and Verification Language, HDVL）。

二、Verilog HDL 模块结构

使用 Verilog 描述硬件的基本设计单元是模块（Module）。构建复杂的电子电路，主要是通过模块的相互连接调用来实现的。模块被包含在关键字 module、endmodule 之内。Verilog 中的模块类似 C 语言中的函数，它能够提供输入、输出端口，可以调用其他模块，也可以被其他模块调用。模块中可以包括组合逻辑部分、过程时序部分。Verilog HDL 对模块的端口和内容有如下格式要求：

（1）端口定义。

格式：

```
module 模块名（端口 1，端口 2，端口 3，端口 4，……）；
```

例如：

```
module decode_1(incode,outcode);
```

decode 为模块名，后面括号内为输入和输出端。

（2）I/O 说明。

格式

输入口：`input 端口名 1，端口名 2，端口名 i；` 表示有 i 个输入端口。

输出口：`output 端口名 1，端口名 2，端口名 j；` 表示有 j 个输出端口。

例如：

```
input[2:0]incode;  output[7:0]outcode;
```

必须具体说明所有端口的输入和输出类型。

（3）内部信号说明。在模块内用到的和与端口有关的 wire 和 reg 变量的声明。

格式：
```
reg [width-1:0] R1, R2, ...;
wire [width-1 : 0] W1, W2, ...;
```

例如：

```
reg [7:0] outcode;
```

reg 定义寄存器型变量，一般输出端口都要重复此定义。

（4）功能定义。模块中最重要的部分是逻辑功能定义部分。有三种方法可在模块中产生逻辑，下面的实例采用"always"块的方式进行功能定义。

例如：

```
always@(incode)
    begin
        case(incode)
            3'b000: outcode=8'b00000001;
            3'b001: outcode=8'b00000010;
            3'b010: outcode=8'b00000100;
            3'b011: outcode=8'b00001000;
            3'b100: outcode=8'b00010000;
```

```
                3'b101: outcode=8'b00100000;
                3'b110: outcode=8'b01000000;
                3'b111: outcode=8'b10000000;
            endcase
        end
```

always@（incode）表示只要 incode 变化就执行下面的语句，注意 always 块以 begin 开始，end 结束。

三、译码器原理

1．译码器简介

译码电路有二进制译码器、二—十进制译码器和显示译码器三类。3-8 译码器就属于二进制译码器，其输入的 3 位二进制代码共有 8 种状态，这 8 种状态分别输出线上的高低电平表示。二进制译码器一般具有 n 个输入端、2 的 n 次幂个输出端。在使能输入端为有效电平时，对应每一组输入代码仅一个输出端为有效电平，其余输出端为无效电平（与有效电平相反）。有效电平可以是高电平（称为高电平译码），也可以是低电平（称为低电平译码）。

2．3-8 译码器真值表

3-8 译码器真值表如表 1.1 所示。

表 1.1　3-8 译码器真值表

输入			输出							
A2	A1	A0	Y7	Y6	Y5	Y4	Y3	Y2	Y1	Y0
0	0	0	0	0	0	0	0	0	0	1
0	0	1	0	0	0	0	0	0	1	0
0	1	0	0	0	0	0	0	1	0	0
0	1	1	0	0	0	0	1	0	0	0
1	0	0	0	0	0	1	0	0	0	0
1	0	1	0	0	1	0	0	0	0	0
1	1	0	0	1	0	0	0	0	0	0
1	1	1	1	0	0	0	0	0	0	0

四、源码

```
module decode_3_8(incode,outcode);            // 定义输入/输出端口
input    [2:0]    incode;                      //具体说明输入/输出端口分配
output   [7:0]    outcode;
    reg  [7:0]    outcode;                      //定义输出端口的寄存器
    always@(incode)
        begin
            case(incode)
                3'b000:outcode=8'b00000001;
                3'b001: outcode=8'b00000010;
                3'b010: outcode=8'b00000100;
                3'b011: outcode=8'b00001000;
                3'b100: outcode=8'b00010000;
```

```
                3'b101: outcode=8'b00100000;
                3'b110: outcode=8'b01000000;
                3'b111: outcode=8'b10000000;
        endcase
    end
endmodule
```

decode_1 模块实现 3-8 线译码器功能。上面为本实验的 Verilog HDL 代码，Verilog 的基本设计单元是模块。一个模块是由两部分组成的，一部分用于描述接口，另一部分用于描述逻辑功能。

模块的端口声明了模块的输入/输出口，module 和 endmodule 间就是模块的内容，包括 I/O 说明，内部信号声明和功能定义，decode 为模块名，后面括号内为输入/输出端，下面要具体说明哪个为输入，哪个为输出，reg 定义寄存器型变量，一般输出端口都要重复此定义，always@（incode）表示只要 incode 变化就执行下面的语句，注意 always 块以 begin 开始，end 结束。

其间用到 case 语句，用来处理多分支选择。case 括号内的表达式为控制表达式，分支项的表达式为分支表达式。当控制表达式的值与分支表达式的值相等时，就执行分支语句后面的语句。

 项目实施

一、编辑调试模块代码

1. 启动 Quartus II 开发环境

双击桌面"Quartus II"软件图标，启动 Quartus II 开发环境，进入如图 1.1 所示的 Quartus II 软件界面。

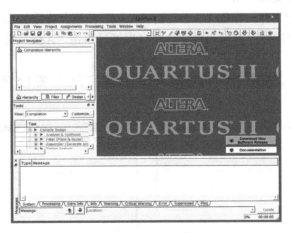

图 1.1　Quartus II 软件界面

2. 新建工程

Quartus II 软件以工程方式管理用户设计和系统生成的所有文件，因此每个项目都需要新建一个独立的工程，在这个工程里，包含此设计过程中生成的所有文件。新建工程需要设置的信息主要指定工程目录和工程名、顶层实体名、目标芯片名、第三方 EDA 工具等。方法如下：

（1）打开"New Project Wizard"对话框。在 Quartus II 软件主界面执行"File"→"New Project

Wizard"命令,弹出如图 1.2 所示的"New Project Wizard"对话框。

(2)指定工程目录、工程名和顶层实体名。在图 1.2 中单击"Next"按钮,弹出如图 1.3 所示的"指定工程目录、工程名和顶层实体名"对话框,在该对话框中设置工程文件保存的文件夹,工程名和顶层实体名。

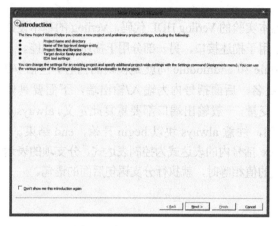
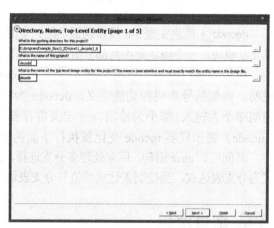

图 1.2　新建工程向导　　　　　　　图 1.3　"指定工程目录、工程名和顶层实体名"对话框

①第一栏为工程目录,想把自己的工程放在哪,就选择相应目录。

②第二栏为工程名,记住工程名,后面程序中会用到。

③第三栏默认实体名与工程名一样。

注意:每个工程都要新建一个文件夹作为工程目录,以避免与其他工程的文件混淆;工程目录路径避免出现中文和空格。

(3)添加已有设计文件。在图 1.3 中单击"Next"按钮,弹出如图 1.4 所示的"添加设计文件"对话框。如果要添加已有的设计文件,可以通过单击"Add"或"Add all"按钮加入到工程里面。

(4)选定目标芯片。在图 1.4 中单击"Next"按钮,弹出如图 1.5 所示的"指定目标芯片"对话框。

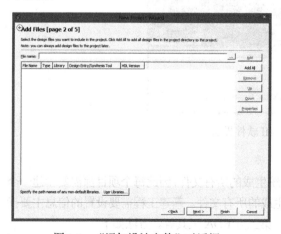
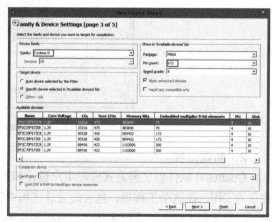

图 1.4　"添加设计文件"对话框　　　　　　图 1.5　指定目标芯片

在图 1.5 中"Family："栏的下拉菜单中选择"Cyclone II"选项，在"Pin count："栏的下拉菜单中选择"672"选项，在"Available devices："栏中单击"EP2C35F672C8"选项，使该项处于蓝色选中状态，完成指定目标芯片。

模块一的项目不需要指定目标芯片，可直接单击"Next"按钮进入下一步设置。

（5）设置 EDA 工具。在图 1.5 中单击"Next"按钮，弹出如图 1.6 所示的"EDA 工具设置"对话框。本书所有项目采用 ModelSim 软件作为调试和仿真工具，这里不做设置，单击"Finish"按钮完成工程建立。

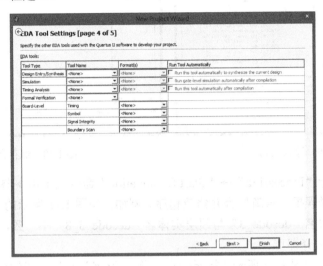

图 1.6　"EDA 工具设置"对话框

3．编辑、编译和调试代码

（1）新建 Verilog HDL 文件。执行"File"→"New"命令，弹出如图 1.7 所示的"New"对话框。

在如图 1.7 所示的对话框中选择"Design Files"→"Verilog HDL File"，然后单击"OK"按钮完成新建 Verilog HDL 文件，进入如图 1.8 所示的"代码编辑"窗口。

图 1.7　"New"对话框

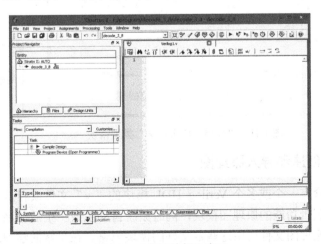

图 1.8　"代码编辑"窗口

（2）输入代码。在如图 1.8 所示的空白区域输入 3-8 译码器电路源代码，如图 1.9 所示。

（3）保存文件。执行"File"→"Save"命令，弹出如图 1.10 所示的"保存文件"对话框，在该对话框中设置好文件名（建议与模块名一致并保存在工程文件夹根目录下面）后，单击"Save"按钮完成文件保存。

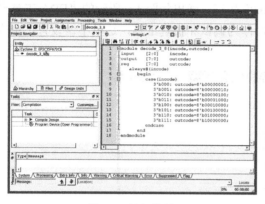

图 1.9　输入代码

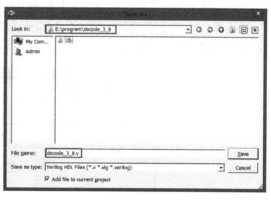

图 1.10　保存文件

（4）编译。执行"Processing"→"Start Compilation"命令或单击 ▶ 图标开始编译。如果编译报错，可根据错误提示重新检查并修改程序。例如，如图 1.11 所示的"顶层实体未定义"编译错误是因为模块名"decode_3"与顶层实体名"decode_3_8"不一致，只需把模块名改为"decode_3_8"重新编译即可。

编译成功后弹出如图 1.12 所示的提示信息，单击"OK"按钮完成编译。

图 1.11　"顶层实体未定义"类型错误

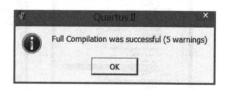

图 1.12　编译成功

二、创建和导入原理图

含有一个或多个 Verilog HDL 模块的".v"文件或者是".bdf"文件可以创建为一个具有相同逻辑功能的原理图模块，同时系统自动生成一个后缀名是".bsf"原理图模块文件，便于其他原理图文件引用这些定义好的模块电路。在平常的学习或设计中，把一些常见逻辑电路，如分频器、消抖电路和显示电路等，创建成原理图模块，就可以把这些模块相对应".v"和".bsf"

文件添加到新建工程项目中，新的工程设计中就可以引用这些模块电路了。这种设计方法在模块三会详细说明，这里只介绍创建和导入原理图的方法。

这一步对于每个项目设计来说并不是必须的，这里主要目的是把代码以原理图的形式直观地表现出来，后续的每个项目设计都附有原理图。

1. 创建原理图

如图 1.13 所示，在"Project Navigator"面板的"Files"目录下，选中"decode_3_8.v"文件，单击鼠标右键，在弹出的快捷菜单中选择"Creat Symbol Files for Current File"项，完成原理图的创建。创建成功后弹出如图 1.14 所示的提示信息。

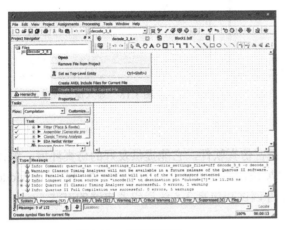

图 1.13　创建原理图　　　　　　　　图 1.14　原理图创建成功提示信息

2. 导入原理图文件

原理图已经创建成功，现在需要新建一个文件承载原理图，即需要新建一个原理图文件。执行"File"→"New"命令，弹出如图 1.15 所示的"New"对话框。

在如图 1.15 所示的对话框中选择"Design Files"→"Block Diagram/Schematic File"，然后单击"OK"按钮完成新建原理图文件，进入如图 1.16 所示的"原理图编辑"窗口。

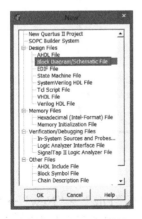

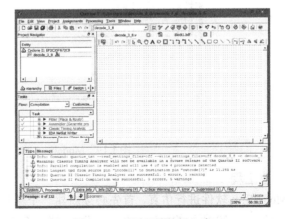

图 1.15　"New"对话框　　　　　　图 1.16　"原理图编辑"窗口

在图 1.16 所示的原理图编辑区空白处双击，弹出如图 1.17 所示的"调入原理图"对话框，在"Libraries"栏选中"Project"→"decode_3_8"，单击"OK"按钮，将"decode_3_8"原理图导入原理图文件。

　　导入原理图后的效果如图 1.18 所示。该原理图可以比较直观地模拟电路的输入/输出特性。

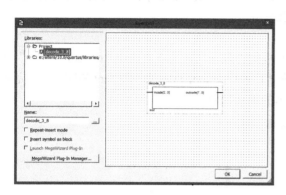

图 1.17　"调入原理图"对话框

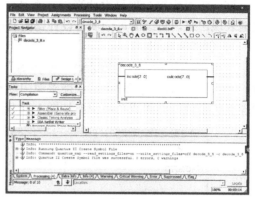

图 1.18　导入原理图文件

三、仿真

　　ModelSim 是业界最优秀的 HDL 语言仿真软件，它能提供友好的仿真环境，编译仿真速度快，编译的代码与平台无关，为用户加快调错提供强有力的手段。本教材首选 ModelSim 为仿真软件，下面介绍应用 ModelSim 软件调试和仿真 3-8 线译码器电路的方法。

1. 启动 ModelSim 软件

　　双击桌面上的"ModelSim"软件图标，启动 ModelSim 仿真软件，软件主界面如图 1.19 所示。

图 1.19　ModelSim 软件界面

2. 建立工程

　　用 ModelSim 软件进行仿真，首先必须新建一个工程。执行"File"→"New"→"Project"命令，弹出如图 1.20 所示的"Creat Project"对话框，在该对话框中将工程命名为"decode_test"，单击"Browse"按钮选择被调试工程"decode_3_8"所在目录路径。

　　在图 1.20 中单击"OK"按钮，弹出如图 1.21 所示的"添加文件"对话框。在该对话框中，单击"Creat New File"图标，弹出如图 1.22 所示的对话框。

图 1.20　建立工程

图 1.21　添加文件

在图 1.22 中，"File Name" 文本框中输入文件名称为 "decode_test"，在 "add file as type" 下拉菜单中选择 "Verilog" 选项，单击 "OK" 按钮，返回如图 1.21 所示对话框，单击 "Close" 按钮，完成建立 testbench 文件。建好的 testbench 文件显示在如图 1.23 所示的 "Project" 子窗口中。

图 1.22　创建 testbench 文件

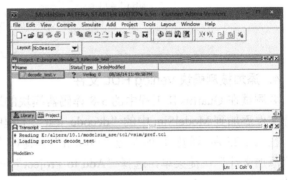

图 1.23　"Project" 子窗口

3．输入 testbench 测试代码

"testbench" 测试文件为被测模块提供输入和输出接口，并在输入端产生虚拟激励信号。方法如下：在图 1.23 中，双击 "decode_test.v" 文件，弹出如图 1.24 所示 "代码编辑" 子窗口。

在图 1.24 所示空白区域输入下述测试代码，完成效果如图 1.25 所示，执行 "File" → "Save" 命令保存文件。

图 1.24　"代码编辑" 子窗口

图 1.25　输入测试代码

3-8 译码器测试代码如下：

```
'timescale 1ns/1ns
module decode3 8;
    reg     [2:0]       incode;
    wire        [7:0]   outcode;
    decode decode inst
    (
        .incode(incode),
        .outcode(outcode)
    );

    initial
        begin
            incode=0;
            while(1)
                #1000 incode=incode+1;
        end
endmodule
```

4. 添加被测模块 Verilog HDL 文件

要测试在 Quartus II 工程中的 3-8 译码器模块的逻辑功能是否正确，需要将"decode_3_8.v"设计文件添加到 ModelSim 中的"decode_test"工程中来。方法如下：

在图 1.25 所示的窗口的左边"Project"子窗口空白区域单击鼠标右键，弹出如图 1.26 所示"添加文件"快捷菜单，选择"Add to Project"→"Existing File"选项，弹出如图 1.27 所示的"添加文件"对话框。

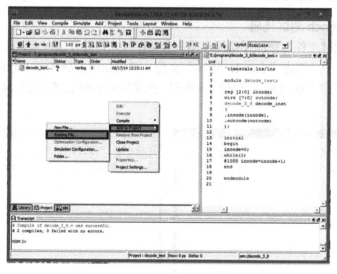

图 1.26 "添加文件"快捷菜单

在图 1.27 中，单击"Browse"按钮，选定被测模块"decode_3_8.v"文件，单击"OK"按钮，完成添加，效果如图 1.28 所示。

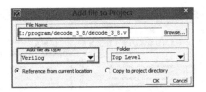

图 1.27　"添加文件"对话框

图 1.28　添加文件后的"Project"子窗口

5．编译

在图 1.28 中，按住"Ctrl"键单击"decode_test.v"和"decode_3_8.v"同时选中两个文件，执行"Compile"→"Compile All"命令或单击  按钮，完成编译。编译正确会出现两个对号，如图 1.29 所示。

图 1.29　编译后的文件

在图 1.29 左下角区域单击"Library"，进入如图 1.30 所示的"Library"窗口，在该窗口选中"work"，并打开左边"+"号，出现如图 1.30 所示的"Library"子窗口。

图 1.30 "Library"子窗口

在图 1.30 所示的"Library"子窗口中,右击"decode_test",出现如图 1.31 所示快捷菜单,选择"Recompile"选项重新编译。

图 1.31 重新编译

重新编译成功后,ModelSim 会输出编译正确的相关信息,如图 1.32 所示。

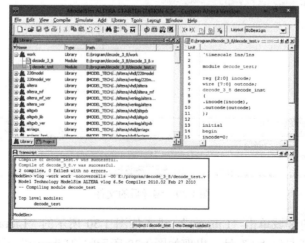

图 1.32 编译正确信息

6．生成仿真波形

在如图 1.30 所示的窗口中，右击"decode_test"，出现如图 1.31 所示的快捷菜单，选择"Simulate"选项，会出现如图 1.33 所示的"sim"子窗口。

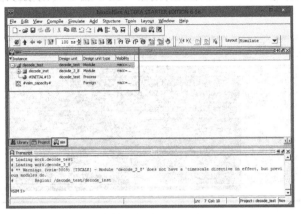

图 1.33 "sim"子窗口

在如图 1.33 所示的"sim"窗口中，右击"decode_test"，在弹出的快捷菜单中依次选择"Add"→"To Wave"→"All items in region"选项，软件窗口会增加一个如图 1.34 所示的"Wave 波形"子窗口。

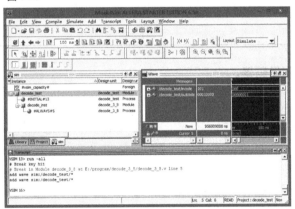

图 1.34 "Wave"子窗口

在如图 1.34 所示的窗口中，单击右上角图标，使"Wave"子窗口脱离主窗口，再单击该窗口右上角的"最大化"按钮，最大化"Wave"子窗口，如图 1.35 所示。

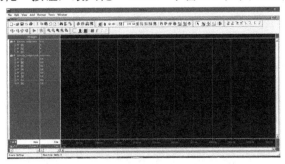

图 1.35 最大化的"Wave"子窗口

在如图 1.35 所示的"Wave"子窗口中，修改仿真时间长度为"16000ns"，然后单击▣图标，单击"/decode_test/incode"和"/decode_test/outcode"的"+"号，即可得到如图 1.36 所示的"仿真波形图"，通过单击🔍🔍图标或是按住"Ctrl"键并转动鼠标滚轮可以改变窗口显示幅度。

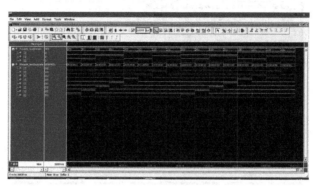

图 1.36　仿真波形图

仿真后可通过观察输出波形来初步认识此代码的功能。到现在为止，一个简单的工程就完成了，希望在以后的学习中体会 EDA 的魅力，培养兴趣，收获更多。

 拓展练习

练习编写 4-16 进制译码器。

项目 2　8-3 编码器设计

项目要求

一、项目任务

◆ 用 Verilog HDL 设计 8-3 线编码器电路。
◆ 用 ModelSim 软件对 8-3 线编码器电路进行调试并仿真。

二、实训设备

◆ 装有 Windows 系统和 Quartus II 软件的计算机一台。

三、学习目标

◆ 掌握 Verilog HDL 基本规范。
◆ 熟练掌握 case 语句。
◆ 理解 8-3 编码器原理。
◆ 进一步熟悉 Quartus II 软件和 ModelSim 软件的使用方法。
◆ 熟悉用 Verilog　HDL 设计编码器电路。

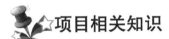

项目相关知识

一、Verilog HDL 基本规范

1．空白符

空白符是指代码中的空格（对应的转义标识符为\b）、制表符（\t）和换行（\n）。如果这些空白符出现在字符串中，那么它们不可忽略。除此之外，代码中的其他空白符在编译的时候都将会被视为分隔标识符，即使用 2 个空格或者 1 个空格并无影响。不过，在代码中使用合适的空格，可以让上下行代码的外观一致（如使赋值运算符位于同一个竖直列），从而提高代码的可读性。

2．注释

为了方便代码的修改或其他人的阅读，设计人员通常会在代码中加入注释。与 C 语言一样，有两种方式书写注释。第一种为多行注释，即注释从"/*"开始，直到"*/"才结束；另一种为单行注释，注释从"//"开始，从这里到这一行末尾的内容会被系统识别为注释。

某些电子设计自动化工具，会识别出代码中以特殊格式书写、含有某些预先约定关键词的注释，并从这些注释所提取有用的信息。这些注释不是供人阅读，而是向第三方工具提供有关设计项目的额外信息。例如，某些逻辑综合工具可以从注释中读取综合的约束信息。

3. 大小写敏感性

Verilog 是一种大小写敏感的硬件描述语言。其中，它的所有系统关键字都是小写的。

4. 标识符及保留字

Verilog 代码中用来定义语言结构名称的字符称为标识符，包括变量名、端口名、模块名等。标识符可以由字母、数字、下划线以及美元符（$）来表示。但是标识符的第一个字符只能是字母、数字或者下划线，不能为美元符，这是因为以美元符开始的标识符和系统任务的保留字冲突。

和其他许多编程语言类似，Verilog 也有许多保留字（或称为关键字），用户定义的标识符不能够和保留字相同。Verilog 的保留字均为小写。变量类型中的 wire、reg、integer 等、表示过程的 initial、always 等，以及所有其他的系统任务、编译指令，都是关键字。可以查阅官方文献中完整的关键字的列表。

5. 转义标识符

转义标识符（又称转义字符），是由"\"开始，以"空白符"结束的一种特殊编程语言结构。这种结构可以用来表示那些容易与系统语言结构相同的内容（例如，""""在系统中被用来表示字符串，如果字符串本身的内容包含一个与之形式相同的双引号，那么就必须使用转义标识符）。下面列出了常用的几种转义标识符。除此之外，在反斜线之后也可以加上字符的 ASCII，这种转义标识符相当于一个字符。常用的转义标识符有\n（换行）、\t（制表位）、\b（空格）、\\（反斜杠）和\"（英文的双引号）等。

二、case 语句

case 语句是一种多分支语句，故 case 语句多用于多条件译码电路，如描述译码器、数据选择器、状态机及微处理器的指令译码等。

它的一般形式如下：

```
case（表达式）      <case分支项> endcase
casez（表达式）     <case分支项> endcase
casex（表达式）     <case分支项> endcase
```

case 分支项的一般格式如下：

```
分支表达式：语句
缺省项(default项)：语句
```

例如：

```
case(incode)
     8'b10000000: outcode=3'b000;
     8'b01000000: outcode=3'b001;
     8'b00100000: outcode=3'b010;
     8'b00010000: outcode=3'b011;
     8'b00001000: outcode=3'b100;
```

```
        8'b00000100: outcode=3'b101;
        8'b00000010: outcode=3'b110;
        8'b00000001: outcode=3'b111;
    endcase
```

说明：

（1）case 括弧内的表达式称为控制表达式，case 分支项中的表达式称为分支表达式。控制表达式通常表示为控制信号的某些位，分支表达式则用这些控制信号的具体状态值来表示，因此分支表达式又可以称为常量表达式。

（2）当控制表达式的值与分支表达式的值相等时，就执行分支表达式后面的语句。如果所有的分支表达式的值都没有与控制表达式的值相匹配的，就执行 default 后面的语句。

（3）default 项可有可无，一个 case 语句里只准有一个 default 项。

（4）每一个 case 分项的分支表达式的值必须互不相同，否则就会出现矛盾现象（对表达式的同一个值，有多种执行方案）。

（5）执行完 case 分项后的语句，则跳出该 case 语句结构，终止 case 语句的执行。

（6）在用 case 语句表达式进行比较的过程中，只有当信号的对应位的值能明确进行比较时，比较才能成功。因此要注意详细说明 case 分项的分支表达式的值。

（7）case 语句的所有表达式的值的位宽必须相等，只有这样控制表达式和分支表达式才能进行对应位的比较，如表 1.2 所示。

表 1.2　"case" 语句三种形式的比较

Case	0 1 x z	Case	0 1 x z	Case	0 1 x z
0	1 0 0 0	0	1 0 0 1	0	1 0 1 1
1	0 0 1 0	1	0 1 0 1	1	0 1 1 1
x	0 0 1 0	x	0 0 1 1	x	1 1 1 1
z	0 0 0 1	z	1 1 1 1	z	1 1 1 1

对于 case 语句用法和 C 语言中类似，这里值得注意的是：在 case 语句中，敏感表达式与 1-n 间的比较是一种全等比较，必须保证两者的对应位全等。

三、编码器原理

1. 编码器简介

编码器的逻辑功能就是把输入的每个高低电平信号编成一个对应的二进制码。目前所使用的编码器有普通编码器和优先编码器两种，在普通编码器中，任何时刻只允许输入一个编码信号，否则输出将发生紊乱。

2. 8-3 编码器真值表

以普通 3 位二进制编码器为例，分析一下普通编码器的工作原理。8-3 编码器真值表如表 1.3 所示。

表 1.3 8-3 编码器真值表

输入								输出		
I0	I1	I2	I3	I4	I5	I6	I7	Y2	Y1	Y0
1	0	0	0	0	0	0	0	0	0	0
0	1	0	0	0	0	0	0	0	0	1
0	0	1	0	0	0	0	0	0	1	0
0	0	0	1	0	0	0	0	0	1	1
0	0	0	0	1	0	0	0	1	0	0
0	0	0	0	0	1	0	0	1	0	1
0	0	0	0	0	0	1	0	1	1	0
0	0	0	0	0	0	0	1	1	1	1

四、模块符号

图 1.37 所示为 8-3 编码器的模块符号。

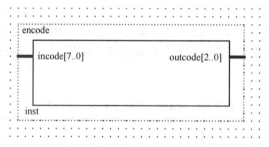

图 1.37 8-3 编码器模块符号

五、源码

```verilog
module encode(incode,outcode);
    input    [7:0]       incode;
    output   [2:0]       outcode;
    reg      [2:0]       outcode;
    always@(incode)
        begin
            case(incode)
                8'b10000000: outcode=3'b000;
                8'b01000000: outcode=3'b001;
                8'b00100000: outcode=3'b010;
                8'b00010000: outcode=3'b011;
                8'b00001000: outcode=3'b100;
                8'b00000100: outcode=3'b101;
                8'b00000010: outcode=3'b110;
                8'b00000001: outcode=3'b111;
            endcase
        end
endmodule
```

编码器实现与译码器相反功能，可以和前面译码器程序对比，可以发现，只是对输入/输出稍作改动，理解了译码器，编码器也就不难理解。

本模块中 case 语句的掌握是个重点，case 语句是一种多分支语句，故 case 语句多用于多条件译码电路，如描述译码器、数据选择器、状态机及微处理器的指令译码等。

 项目实施

一、编辑调试模块代码

（1）启动 Quartus II 开发环境，执行"File"→"New Project Wizard"命令，新建工程，指定工程目录名为"..\encode"，工程名为"encode"，层实体名为"encode"。

（2）执行"File"→"New"命令，向当前工程中添加 Verilog HDL 文件，在文本编辑区输入"8-3 编码器"源代码，并以"encode.v"为文件名保存到工程文件夹根目录下。

（3）执行"Processing"→"Start Compilation"命令或单击 ▶ 图标开始编译。如果编译报错，可根据错误提示重新检查并修改程序，直到编译成功。

二、仿真测试模块功能

（1）新建工程。启动 ModelSim 仿真软件，执行"File"→"New"→"Project"命令，新建工程并命名为"encode_test"，路径选择被测试模块"encode8_3"所在工程目录。

（2）创建测试文件。在"Project"窗口中双击"encode_test.v"文件，在文本编辑区输入"8-3 编码器"模块测试代码，执行"File"→"Save"命令保存文件。"8-3 编码器"测试代码如下：

```
`timescale 1ns/1ns
module encode8 3;
    reg     [7:0]   incode;
    wire    [2:0]   outcode;
    encode encode inst
    (
        .incode(incode),
        .outcode(outcode)
    );
    initial
    begin
        incode=0;
        while(1)
            begin
                #1000 incode=8'b10000000;
                #1000 incode=8'b01000000;
                #1000 incode=8'b00100000;
                #1000 incode=8'b00010000;
                #1000 incode=8'b00001000;
                #1000 incode=8'b00000100;
```

```
                    #1000 incode=8'b00000010;
                    #1000 incode=8'b00000001;
            end
        end
    endmodule
```

（3）添加被测模块文件。单击"Project"，打开"Project"子窗口，在空白区域单击鼠标右键，弹出"添加文件"快捷菜单，选择"Add to Project"→"Existing File"选项，在弹出"添加文件"对话框中，单击"Browse"按钮，选定被测模块"encode8_3.v"文件，单击"OK"按钮，添加到工程"encode_test"中。

（4）编译工程。单击"Library"，打开"Library"子窗口，右击"encode_test.v"，在弹出的快捷菜单中选择"Recompile"选项，完成编译。

（5）进行仿真。右击"Library"子窗口中"work"下的"encode_test"，在弹出的快捷菜单中选择"Simulate"选项进行仿真（详细步骤如项目1）。

（6）生成波形图。在"Wave"窗口中设置合适仿真时间长度，单击 图标虚拟仿真，即可得到如图1.38所示的"8-3编码器仿真波形图"。

图1.38　8-3编码器仿真波形图

 拓展练习

练习编写16-4编码器。

项目 3　优先编码器设计

 **项目要求**

一、项目任务

◆ 用 Verilog HDL 设计一个优先编码器电路。

◆ 用 ModelSim 软件对优先编码器电路进行调试并仿真。

二、实训设备

◆ 装有 Windows 系统和 Quartus II 软件的计算机一台。

三、学习目标

◆ 理解优先编码器原理。

◆ 会用 Verilog HDL 设计优先编码器电路。

◆ 掌握 Verilog HDL 的数字常量的表示方法。

项目相关知识

一、Verilog HDL 的常量

Verilog HDL 有下列四种基本的值：

● 0：逻辑 0 或"假"。

● 1：逻辑 1 或"真"。

● x：未知。

● z：高阻。

注意：这四种值的解释都内置于语言中。例如，一个为 z 的值总是意味着高阻抗，一个为 0 的值通常是指逻辑 0。在门的输入或一个表达式中为"z"的值通常解释成"x"。此外，x 值和 z 值都是不分大小写的，也就是说，值 0x1z 与值 0x1Z 相同。Verilog HDL 中的常量是由以上这四类基本值组成的。Verilog HDL 中有整型、实数型、字符串型三类常量。

1. 整型常量

在 Verilog HDL 中，整型常量即整常数有以下四种进制表示形式：

● 二进制整数（b 或 B）；

● 十进制整数（d 或 D）；

- 十六进制整数(h 或 H);
- 八进制整数(o 或 O)。

数字表达方式有以下三种:

- <位宽>'<进制><数字>：这是一种全面的描述方式。
- '<进制><数字>：在这种描述方式中，数字的位宽采用默认位宽(这由具体的机器系统决定，但至少 32 位)。
- <数字>：在这种描述方式中，采用默认进制（十进制）。

在表达式中，位宽指明了数字的精确位数。例如，一个 4 位二进制数的数字的位宽为 4，一个 4 位十六进制数的数字的位宽为 16(因为每单个十六进制数就要用 4 位二进制数来表示)。见下例:

```
8'b10101100   //位宽为8的数的二进制表示，'b表示二进制
8'ha2         //位宽为8的数的十六进制表示，'h表示十六进制。
```

2. x 和 z 值

在数字电路中，x 代表不定值，z 代表高阻值。一个 x 可以用来定义十六进制数的 4 位二进制数的状态，八进制数的三位，二进制数的一位。z 的表示方式同 x 类似。z 还有一种表达方式是可以写作 "?"。在使用 case 表达式时建议使用这种写法，以提高程序的可读性。见下例:

```
4'b10x0 //位宽为4的二进制数从低位数起第二位为不定值
4'b101z //位宽为4的二进制数从低位数起第一位为高阻值
12'dz   //位宽为12的十进制数其值为高阻值(第一种表达方式)
12'd?   //位宽为12的十进制数其值为高阻值(第二种表达方式)
8'h4x   //位宽为8的十六进制数其低四位值为不定值
```

3. 负数

一个数字可以被定义为负数，只需在位宽表达式前加一个减号，减号必须写在数字定义表达式的最前面。注意减号不可以放在位宽和进制之间，也不可以放在进制和具体的数之间。见下例:

```
-8'd5   //这个表达式代表5的补数（用8位二进制数表示）
8'd-5   //非法格式
```

4. 下划线（underscore_）:

下划线可以用来分隔数的表达以提高程序可读性。但不可以用在位宽和进制处，只能用在具体的数字之间。见下例:

```
16'b1010_1011_1111_1010         //合法格式
8'b_0011_1010                   //非法格式
```

当常量不说明位数时，默认值是 32 位，每个字母用 8 位的 ASCII 值表示。例如:

```
10＝32'd10＝32'b1010
1=32'd1=32'b1
-1=-32'd1=32'hFFFFFFFF
'BX=32'BX=32'BXXXXXXXXXXXXXXXXXXXXXXXXXXXXXXXX
"AB"=16'B01000001_01000010    //字符串AB为十六进制数16'h4142
```

二、优先编码器原理

1．优先编码器简介

在优先编码器中，允许同时输入两个及以上编码信号，不过优先编码器对所有的信号输入设置了不同的优先级，当几个信号同时出现时，只对优先权最高的一个进行编码，下面以74LS148 为例来说明优先编码器工作原理。

2．真值表

优先编码器 74LS148 真值表如表 1.4 所示。

表 1.4　优先编码器 74LS148 真值表

输入									输出				
S	I0	I1	I2	I3	I4	I5	I6	I7	Y2	Y1	Y0	gs	es
1	X	X	X	X	X	X	X	X	1	1	1	1	1
0	1	1	1	1	1	1	1	1	1	1	1	0	1
0	X	X	X	X	X	X	X	0	0	0	0	1	0
0	X	X	X	X	X	X	0	1	0	0	1	1	0
0	X	X	X	X	X	0	1	1	0	1	0	1	0
0	X	X	X	X	0	1	1	1	0	1	1	1	0
0	X	X	X	0	1	1	1	1	1	0	0	1	0
0	X	X	0	1	1	1	1	1	1	0	1	1	0
0	X	0	1	1	1	1	1	1	1	1	0	1	0
0	0	1	1	1	1	1	1	1	1	1	1	1	0

其中 S 为选通输入端，只有 S 为 0 时，编码器才能正常工作，S 为 1 时，所有输入端均被封锁在高电平。

选通输出端 gs 和扩展 es 用于扩展编码功能。gs 为 0 时表示"电路工作，但无编码输入"；es 为 0 时表示"电路工作，而且有编码输入"。由表中不难看出，在 S=0 电路正常工作状态下，允许 I0～I7 当中同时有几个输入端为低电平，即有编码输入信号。

I7 的优先权最高，I0 的优先权最低。当 I7=0 时，无论其他输入端有无信号输入（表中以 X 表示），输出端只给出 I7 的编码，输出为 Y2Y1Y0=000。当 I7=1、I6=0 时，无论其余输入端有无信号输入，只对 I6 编码，输出 Y2Y1Y0=001。其余输入状态请读者自行分析。表中出现的三种 Y2Y1Y0=111 情况可以用 gs 和 es 的不同状态加以区分。

三、模块符号

图 1.39 所示为优先编码器的模块符号。

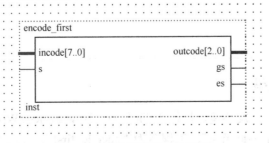

图 1.39　优先编码器模块符号

四、源码

```verilog
module    encode first(incode,outcode,s,gs,es);
    input      [7:0]        incode;
    input                   s;
    output     [2:0]        outcode;
    output                  gs,es;
    wire       [7:0]        incode;
    wire                    s,gs,es;
    wire       [8:0]        a;
    reg        [4:0]        mc;                //输入输出端口定义
    assign                  a={s,incode};
    assign                  outcode=mc[4:2];
    assign                  gs=mc[1];
    assign                  es=mc[0];
    always@(incode or s)
        begin
            casex(a)
                9'b1XXXXXXX: mc=5'b11111;
                9'b011111111: mc=5'b11101;
                9'b0XXXXXXX0: mc=5'b00010;
                9'b0XXXXXX01: mc=5'b00110;
                9'b0XXXXX011: mc=5'b01010;
                9'b0XXXX0111: mc=5'b01110;
                9'b0XXX01111: mc=5'b10010;
                9'b0XX011111: mc=5'b10110;
                9'b0X0111111: mc=5'b11010;
                9'b001111111: mc=5'b11110;
            endcase
        end
endmodule
```

在 casez 语句中，如果分支表达式某些位的值为高阻 z，那么对这些位的比较就不予考虑，只需关注其他位的比较结果。

在 casex 语句中，则把这种处理方式进一步扩展到对 x 的处理，即如果比较的双方有一方的某些位的值是 x 或 z，那么这些位的比较就都不予考虑。此外，还有另外一种标识 x 或 z 的方式，即用表示无关值的"?"来表示。

 项目实施

一、编辑调试模块代码

（1）启动 Quartus II 开发环境，执行"File"→"New Project Wizard"命令，新建工程，指定工程目录名为"..\encode_first"，工程名为"encode_first"，顶层实体名为"encode_first"。

（2）执行"File"→"New"命令，向当前工程中添加 Verilog HDL 文件，在文本编辑区

输入"优先编码器"源代码,并以"encode_first.v"为文件名保存到工程文件夹根目录下。

（3）执行"Processing"→"Start Compilation"命令或单击 ▶ 图标开始编译。如果编译报错,可根据错误提示重新检查并修改程序,直至编译成功。

二、仿真测试模块功能

（1）新建工程。启动 ModelSim 仿真软件,执行"File"→"New"→"Project"命令,新建工程并命名为"encode_first_test",路径选择被测试模块"encode_first"所在工程目录。

（2）创建测试文件。在"Project"窗口中双击"encode_first_test.v"文件,在文本编辑区输入"encode_first"模块测试代码,执行"File"→"Save"命令保存文件。"encode_first"模块测试代码如下:

```verilog
`timescale 1ns/1ns
module encode_first_test;
    wire        [7:0]   incode;
    wire                s;
    wire        [2:0]   outcode;
    wire                gs,es;
    reg         [8:0]   a;
    assign  s=a[8];
    assign  incode=a[7:0];
    encode_first encode_first_inst
    (
        .incode(incode),
        .outcode(outcode),
        .gs(gs),
        .s(s),
        .es(es)
    );

    initial
        begin
            a=0;
                while(1)
                    begin
        #1000 a=9'b1XXXXXXXX;
        #1000 a=9'b011111111;
        #1000 a=9'b0XXXXXXX0;
        #1000 a=9'b0XXXXXX01;
        #1000 a=9'b0XXXXX011;
        #1000 a=9'b0XXXX0111;
        #1000 a=9'b0XXX01111;
        #1000 a=9'b0XX011111;
        #1000 a=9'b0X0111111;
        #1000 a=9'b001111111;
            end
```

```
          end
       endmodule
```

（3）添加被测模块文件。单击"Project"，打开"Project"子窗口，在空白区域单击鼠标右键，弹出"添加文件"快捷菜单，选择"Add to Project"→"Existing File"选项，在弹出"添加文件"对话框中，单击"Browse"按钮，选定被测模块"encode_first.v"文件，单击"OK"按钮，添加到工程"encode_first_test"中。

（4）编译工程。单击"Library"，打开"Library"子窗口，右击"encode_first_test.v"，在弹出的快捷菜单中选择"Recompile"选项，完成编译。

（5）进行仿真。右击"Library"子窗口中"work"下的"encode_first_test"，在弹出的快捷菜单中选择"Simulate"选项进行仿真（详细步骤可参考项目1）。

（6）生成波形图。在"Wave"窗口中设置合适仿真时间长度，单击 ▥ 图标虚拟仿真，即可得到如图 1.40 所示的"优先编码器仿真波形图"。

Messages									
/encode_first_test/incode	xxx011	x0...	01111111	11111111	xxxxxxx0	xxxxxx01	xxxxx011	xxxx0111	xxx01111
/encode_first_test/s	St0								
/encode_first_test/outcode	100	110	111		000	001	010	011	100
/encode_first_test/gs	St1								
/encode_first_test/es	St0								

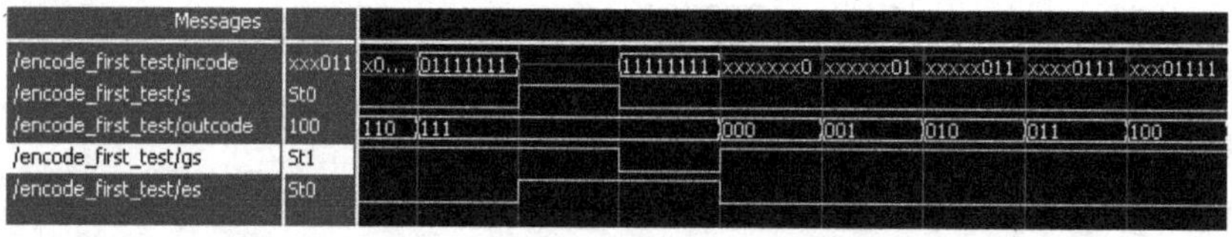

图 1.40　优先编码器仿真波形图

 拓展练习

练习编写 16-4 优先编码器程序。

项目4 数据选择器设计

**项目要求**

一、项目任务

- ◆ 用 Verilog HDL 设计数据选择器电路。
- ◆ 用 ModelSim 软件对数据选择器电路进行调试并仿真。

二、实训设备

- ◆ 装有 Windows 操作系统和 Quartus II 软件的计算机一台。

三、学习目标

- ◆ 掌握 Verilog HDL 参数型常量的定义和引用方法。
- ◆ 掌握 if-else 语句的使用方法。
- ◆ 理解数据选择器原理。
- ◆ 会用 Verilog HDL 设计数据选择器电路。
- ◆ 继续熟练 Verilog HDL 语言和 Quartus II 开发环境。

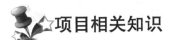**项目相关知识**

一、Verilog HDL 参数型常量

在 Verilog HDL 中用 parameter 来定义常量，即用 parameter 来定义一个标识符代表一个常量，称为符号常量，即标识符形式的常量，采用标识符代表一个常量可提高程序的可读性和可维护性。parameter 型数据是一种常数型的数据，其说明格式如下：

```
parameter    参数名1=表达式，参数名2=表达式，  …，  参数名n=表达式；
```

parameter 是参数型数据的确认符，确认符后跟着一个用逗号分隔开的赋值语句表。在每一个赋值语句的右边必须是一个常数表达式。也就是说，该表达式只能包含数字或先前已定义过的参数。见下列：

```
parameter  msb=7;                              //定义参数msb为常量7
parameter  e=25, f=29;                         //定义两个常数参数
parameter  r=5.7;                              //声明r为一个实型参数
parameter  byte_size=8, byte_msb=byte_size-1;  //用常数表达式赋值
parameter  average_delay = (r+f)/2;            //用常数表达式赋值
```

参数型常数经常用于定义延迟时间和变量宽度。在模块或实例引用时可通过参数传递改变在被引用模块或实例中已定义的参数。

二、if-else 语句

if 语句是用来判定所给定的条件是否满足，根据判定的结果（真或假)决定执行给出的两种操作之一。Verilog HDL 语言提供了三种形式的 if 语句。它的一般形式是：

（1）if 语句

```
if(表达式)  语句
```

例如：

```
if ( a > b )    out1 <= int1;
```

（2）if-else 语句

```
if(表达式)  语句1
else        语句2
```

例如：

```
if(a>b)      out1<=int1;
else         out1<=int2;
```

（3）if-else-if 语句

```
if(表达式1)  语句1;
else  if(表达式2)  语句2;
      else  if(表达式3)  语句3;
........
            else  if(表达式m)  语句m;
                  else              语句n;
```

例如：

```
if(a>b)  out1<=int1;
   else  if(a= =b)  out1<=int2;
         else       out1<=int3;
```

五点说明如下：

（1）三种形式的 if 语句中在 if 后面都有"表达式"，一般为逻辑表达式或关系表达式。系统对表达式的值进行判断，若为 0，x，z，按"假"处理，若为 1，按"真"处理，执行指定的语句。

（2）第二、第三种形式的 if 语句中，在每个 else 前面有一分号，整个语句结束处有一分号。例如：

```
if(a>b) out1<=int1;              //各有一个分号
else    out1<=int2;              //各有一个分号
```

这是由于分号是 Verilog HDL 语句中不可缺少的部分，这个分号是 if 语句中的内嵌套语句所要求的。如果无此分号，则出现语法错误。但应注意，不要误认为上面是两个语句（if 语句和 else 语句)。它们都属于同一个 if 语句。else 子句不能作为语句单独使用，它必须是 if 语句的一部分，与 if 配对使用。

（3)在 if 和 else 后面可以包含一个内嵌的操作语句，也可以有多个操作语句,此时用 begin 和 end 这两个关键词将几个语句包含起来成为一个复合块语句。例如：

```
if(a>b)
begin
  out1<=int1;
  out2<=int2;
```

```
  end
else
begin
  out1<=int2;
  out2<=int1;
end
```

注意在 end 后不需要再加分号。因为 begin-end 内是一个完整的复合语句，不需再附加分号。

（4）允许一定形式的表达式简写方式。例如：

`if(expression)` 等同与 `if( expression == 1 )`

`if(! expression)` 等同与 `if( expression != 1 )`

（5）if 语句的嵌套。在 if 语句中又包含一个或多个 if 语句称为 if 语句的嵌套。一般形式如下：

```
if(expression1)
if(expression2) 语句1 (内嵌if)
else   语句2
else
if(expression3) 语句3      (内嵌if)
else   语句4
```

应当注意 if 与 else 的配对关系，else 总是与它上面的最近的 if 配对。如果 if 与 else 的数目不一样，为了实现程序设计者的企图，可以用 begin-end 块语句来确定配对关系。例如：

```
if( )
begin
if( ) 语句1 (内嵌if)
end
else
语句2
```

这时 begin-end 块语句限定了内嵌 if 语句的范围，因此 else 与第一个 if 配对。注意 begin-end 块语句在 if-else 语句中的使用。

三、数据选择器原理

1. 数据选择器简介

数据选择器又称为"多路开关"。数据选择器在地址码（或称为选择控制）电位的控制下，从几个数据输入中选择一个并将其送到一个公共的输出端。数据选择器的功能类似一个多掷开关，数据选择器为目前逻辑设计中应用十分广泛的逻辑部件，它有 2 选 1、4 选 1、8 选 1、16 选 1 等类别。数据选择器的电路结构一般由与或门阵列组成，也有用传输门开关和门电路混合而成的。

2. 真值表

表 1.5 所示为数据选择器真值表。

表 1.5　数据选择器真值表

输入			输出
Addr2	Addr1	Addr0	Mout
0	0	0	In1
0	0	1	In2

输入			输出
Addr2	Addr1	Addr0	Mout
0	1	0	In3
0	1	1	In4
1	0	0	In5
1	0	1	In6
1	1	0	In7
1	1	1	In8

使能端 S＝1 时，不论 Addr2～Addr0 状态如何，均无输出，多路开关被禁止。

使能端 S＝0 时，多路开关正常工作，根据地址码 Addr2、Addr1、Addr0 的状态选择 In1～In8 中某一个通道的数据输送到输出端 Mout。例如，A2A1A0＝000，则选择 In1 数据到输出端，即 Mout＝In1。又如，A2A1A0＝001，则选择 In2 数据到输出端，即 Mout＝In2，其余以此类推。

四、模块符号

图 1.41 所示为数据选择器模块符号。

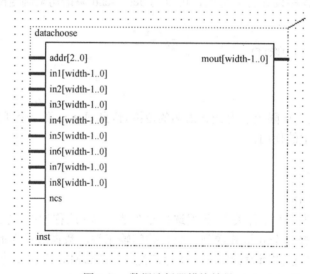

图 1.41　数据选择器模块符号

五、源码

```
module datachoose(addr,in1,in2,in3,in4,in5,in6,in7,in8,mout,ncs);
input[2:0]          addr;
input[width-1:0]    in1,in2,in3,in4,in5,in6,in7,in8;
input               ncs;
output  [width-1:0] mout;
parameter           width=8;
reg     [width-1:0] mout;
always@(addr or in1 or in2 or in3 or in4 or in5 or in6 or in7 or in8 or ncs)
 begin
```

```
        if(!ncs)
            case(addr)
                3'b000:mout=in1;
                3'b001:mout=in2;
                3'b010:mout=in3;
                3'b011:mout=in4;
                3'b100:mout=in5;
                3'b101:mout=in6;
                3'b110:mout=in7;
                3'b111:mout=in8;
            endcase
        else
            mout=0;
    end
    endmodule
```

上例中"parameter width=8;"语句定义了参数型常量"width"，然后其他语句就可以引用"width"。例如，"reg[width-1:0]   mout;"其实就相当于"reg [7:0]   mout;"，这种描述方式增加了程序的可读性，并使得程序调试和修改的时候更加方便。

实例中使用了 if-else 分支语句，该语句实现了数据选择器的使能端功能。

项目实施

一、编辑调试模块代码

（1）启动 Quartus II 开发环境，执行"File"→"New Project Wizard"命令，新建工程，指定工程目录名为"..\datachoose"，工程名为"datachoose"，顶层实体名为"datachoose"。

（2）执行"File"→"New"命令，向当前工程中添加 Verilog HDL 文件，在文本编辑区输入"数据选择器"源代码，并以"datachoose.v"为文件名保存到工程文件夹根目录下。

（3）执行"Processing"→"Start Compilation"命令或单击 ▶ 图标开始编译。如果编译报错，可根据错误提示重新检查并修改程序，直到编译成功。

二、仿真测试模块功能

（1）新建工程。启动 ModelSim 仿真软件，执行"File"→"New"→"Project"命令，新建工程并命名为"datachoose_test"，路径选择被测试模块"datachoose"所在工程目录。

（2）创建测试文件。在"Project"窗口中双击"datachoose_test.v"文件，在文本编辑区输入"数据选择器"模块测试代码，执行"File"→"Save"命令保存文件。"数据选择器"测试代码如下：

```
    `timescale 1ns/1ns
    module datachoose test;
        reg    [2:0]    addr;
```

```
        reg        [7:0]     in1,in2,in3,in4,in5,in6,in7,in8;
        reg                  ncs;
        wire       [7:0]     mout;
        datachoose datachoose inst
        (
            .addr(addr),
            .in1(in1),
     .in2(in2), .in3(in3), .in4(in4), .in5(in5), .in6(in6), .in7(in7), .in8
(in8),
            .ncs(ncs),
            .mout(mout)
        );
    initial
        begin
            in1=8'b10000000;
            in2=8'b01000000;
            in3=8'b00100000;
            in4=8'b00010000;
            in5=8'b00001000;
            in6=8'b00000100;
            in7=8'b00000010;
            in8=8'b00000001;
            ncs=0;
            end
    initial
        begin
        addr=0;
        while(1)

        #1000 addr=addr+1;
        end
    endmodule
```

（3）添加被测模块文件。单击"Project"，打开"Project"子窗口，在空白区域单击鼠标右键，弹出"添加文件"快捷菜单，选择"Add to Project"→"Existing File"选项，在弹出"添加文件"对话框中，单击"Browse"按钮，选定被测模块"datachoose.v"文件，单击"OK"按钮，添加到工程"datachoose_test"中。

（4）编译工程。单击"Library"，打开"Library"子窗口，右击"datachoose_test.v"，在弹出的快捷菜单中选择"Recompile"选项，完成编译。

（5）进行仿真。右击"Library"子窗口中"work"下的"datachoose_test"，在弹出的快捷菜单中选择"Simulate"选项进行仿真（详细步骤参考项目1）。

（6）生成波形图。在"Wave"窗口中设置合适仿真时间长度，单击▥图标虚拟仿真，即可得到如图1.42所示的"数据选择器仿真波形图"。

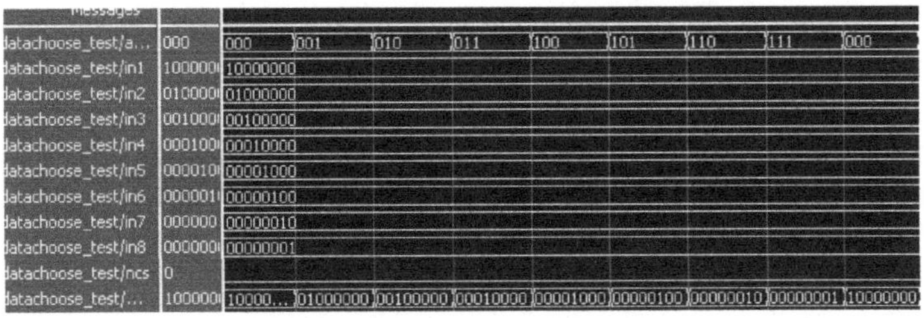

messages											
datachoose_test/a...	000	000	001	010	011	100	101	110	111	000	
datachoose_test/in1	1000000	10000000									
datachoose_test/in2	0100000	01000000									
datachoose_test/in3	0010000	00100000									
datachoose_test/in4	0001000	00010000									
datachoose_test/in5	0000100	00001000									
datachoose_test/in6	0000010	00000100									
datachoose_test/in7	0000000	00000010									
datachoose_test/in8	0000000	00000001									
datachoose_test/ncs	0										
datachoose_test/...	1000000	10000...	01000000	00100000	00010000	00001000	00000100	00000010	00000001	10000000	

图 1.42　数据选择器仿真波形图

 拓展练习

练习编写 16 选 1 选择器。

项目 5　多位数值比较器设计

项目要求

一、项目任务

◆ 用 Verilog HDL 设计一个 12 位数值比较器电路。
◆ 用 ModelSim 软件对数值比较器电路进行调试并仿真。

二、实训设备

◆ 装有 Windows 操作系统和 Quartus II 软件的计算机一台。

三、学习目标

◆ 掌握关系运算符和全等运算符知识。
◆ 掌握 Verilog HDL wire 和 reg 变量定义和引用方法。
◆ 理解多位数字比较器原理。
◆ 熟练运用 Verilog 语言中的 if-else 语句。
◆ 掌握用 Verilog HDL 设计数值比较器电路的方法。

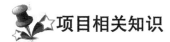项目相关知识

一、关系运算符和全等运算符

在 Verilog HDL 语言中运算符所带的操作数是不同的，按其所带操作数的个数，运算符可分为以下三种。

（1）单目运算符（unary operator）：可以带一个操作数，操作数放在运算符的右边。

（2）二目运算符（binary operator）：可以带两个操作数，操作数放在运算符的两边。

（3）三目运算符（ternary operator）：可以带三个操作，这三个操作数用三目运算符分隔开。

例如：

```
clock = ~clock;        // ~是一个单目取反运算符， clock是操作数。
c = a | b;             // 是一个二目按位或运算符， a 和 b是操作数。
r = s ? t : u;         // ?: 是一个三目条件运算符， s、t和u是操作数。
```

下面根据项目中用到的几种运算符进行介绍。

1. 关系运算符

关系运算符共有以下四种：

```
a < b        a小于b
a > b        a大于b
a <= b       a小于或等于b
a >= b       a大于或等于b
```

在进行关系运算时，如果声明的关系是假的（flase），则返回值是 0，如果声明的关系是真的（true），则返回值是 1，如果某个操作数的值不定，则关系是模糊的，返回值是不定值。

所有的关系运算符有着相同的优先级别。关系运算符的优先级别低于算术运算符的优先级别。见下例：

```
a < size-1        //这种表达方式等同于下面
a < (size-1)      //这种表达方式。
size - ( 1 < a )  //这种表达方式不等同于下面
size - 1 < a      //这种表达方式。
```

从上面的例子可以看出这两种不同运算符的优先级别。当表达式 size-(1<a)进行运算时，关系表达式先被运算，然后返回结果值 0 或 1 被 size 减去。而当表达式 size-1<a 进行运算时，size 先被减去 1，然后再同 a 相比。

2．等式运算符

在 Verilog HDL 语言中存在四种等式运算符：==（等于）、!=（不等于）、===（等于）、!==（不等于）。

这四个运算符都是二目运算符，它要求有两个操作数。"=="和"!="又称为逻辑等式运算符。其结果由两个操作数的值决定。由于操作数中某些位可能是不定值 x 和高阻值 z，结果可能为不定值 x。而"==="和"!=="运算符则不同，它在对操作数进行比较时对某些位的不定值 x 和高阻值 z 也进行比较，两个操作数必须完全一致，其结果才是 1，否则为 0。"==="和"!=="运算符常用于 case 表达式的判别，所以又称为"case 等式运算符"。这四个等式运算符的优先级别是相同的。表 1.6 列出了"=="与"==="的真值表，帮助理解两者间的区别。

表 1.6   "=="与"==="运算符的真值数

===	0	1	x	z	==	0	1	x	z
0	1	0	0	0	0	1	0	x	x
1	0	1	0	0	1	0	1	x	x
x	0	0	1	0	x	x	x	x	x
z	0	0	0	1	z	x	x	x	x

下面举一个例子说明"=="和"==="的区别。

```
if(A==1'bx)  语句1；  //当A等于x时，语句1不执行
if(A===1'bx) 语句2；  //当A等于x时，语句2执行
```

二、Verilog HDL 的变量

变量即在程序运行过程中其值可以改变的量，在 Verilog HDL 中变量的数据类型有很多种，这里只对常用的几种进行介绍。

网络数据类型表示结构实体（如门）之间的物理连接。网络类型的变量不能储存值，而且它必须受到驱动器（如门或连续赋值语句，assign）的驱动。如果没有驱动器连接到网络类

型的变量上，则该变量就是高阻的，即其值为 z。

常用的网络数据类型包括 wire 型和 tri 型。这两种变量都是用于连接器件单元，它们具有相同的语法格式和功能。之所以提供这两种名字来表达相同的概念是为了与模型中所使用的变量的实际情况相一致。wire 型变量通常是用来表示单个门驱动或连续赋值语句驱动的网络型数据，tri 型变量则用来表示多驱动器驱动的网络型数据。如果 wire 型或 tri 型变量没有定义逻辑强度(logic strength)，在多驱动源的情况下，逻辑值会发生冲突从而产生不确定值。表 1.7 所示为 wire 型和 tri 型变量的真值表。

表 1.7　wire 型和 tri 型变量的真值表

wire/tri	0	1	x	z
0	0	x	x	0
1	x	1	x	1
x	x	x	x	x
z	0	1	x	z

1. wire 型

wire 型数据常用来表示用于以 assign 关键字指定的组合逻辑信号。Verilog 程序模块中输入/输出信号类型默认时自动定义为 wire 型。wire 型信号可以用作任何表达式的输入，也可以用作"assign"语句或实例元件的输出。

wire 型信号的格式与 reg 型信号的很类似。其格式如下：

```
wire [n-1:0] 数据名1，数据名2，…，数据名i；//共有i条总线，每条总线内有n条线路
```

或

```
wire [n:1] 数据名1，数据名2，…，数据名i；
```

wire 是 wire 型数据的确认符，[n-1:0]和[n:1]代表该数据的位宽，即该数据有几位。最后跟着的是数据的名字。如果一次定义多个数据，数据名之间用逗号隔开。声明语句的最后要用分号表示语句结束。看下面的几个例子。

```
wire a;          //定义了一个1位的wire型数据
wire [7:0] b;    //定义了一个8位的wire型数据
wire [4:1] c, d; //定义了二个4位的wire型数据
```

2. reg 型

寄存器是数据储存单元的抽象。寄存器数据类型的关键字是 reg。通过赋值语句可以改变寄存器储存的值，其作用与改变触发器储存的值相当。Verilog HDL 语言提供了功能强大的结构语句使设计者能有效地控制是否执行这些赋值语句。这些控制结构用来描述硬件触发条件，如时钟的上升沿和多路器的选通信号。reg 类型数据的默认初始值为不定值 x。

reg 型数据常用来表示用于"always"模块内的指定信号，常代表触发器。通常，在设计中要由"always"块通过使用行为描述语句来表达逻辑关系。在"always"块内被赋值的每一个信号都必须定义成 reg 型。

reg 型数据的格式如下：

```
reg [n-1:0] 数据名1，数据名2，…，数据名i；
```

或

```
reg [n:1]   数据名1，数据名2，…，数据名i；
```

reg 是 reg 型数据的确认标识符，[n-1:0]和[n:1]代表该数据的位宽，即该数据有几位（bit）。最后跟着的是数据的名字。如果一次定义多个数据，数据名之间用逗号隔开。声明语句的最后要用分号表示语句结束。看下面的几个例子：

```
reg      rega;              //定义了一个1位的名为rega的reg型数据
reg [3:0] regb;             //定义了一个4位的名为regb的reg型数据
reg [4:1] regc, regd;       //定义了两个4位的名为regc和regd的reg型数据
```

对于 reg 型数据，其赋值语句的作用就像改变一组触发器的存储单元的值。在 Verilog 中有许多构造(construct)用来控制何时或是否执行这些赋值语句。这些控制构造可用来描述硬件触发器的各种具体情况，如触发条件用时钟的上升沿等，或用来描述具体判断逻辑的细节，如各种多路选择器。reg 型数据的默认初始值是不定值。reg 型数据可以赋正值，也可以赋负值。但当一个 reg 型数据是一个表达式中的操作数时，它的值被当做是无符号值，即正值。例如，当一个 4 位的寄存器用作表达式中的操作数时，如果开始寄存器被赋值"−1"，则在表达式中进行运算时，其值被认为是"+15"。

注意：

reg 型只表示被定义的信号将用在"always"块内，理解这一点很重要。并不是说 reg 型信号一定是寄存器或触发器的输出。虽然 reg 型信号常常是寄存器或触发器的输出，但并不一定总是这样。

三、多位数值比较器原理

1. 多位数值比较器简介

在数字系统中，特别是在计算机中都具有运算功能，一种简单的运算就是比较两个数 A 和 B 的大小。数值比较器就是对两数 A、B 进行比较，以判断其大小的逻辑电路。比较结果有 A>B、A<B 及 A＝B 三种情况。

2. 真值表

表 1.8 所示为一位比较器的真值表。

表 1.8　比较器真值表

输入		输出		
Data	B	GG	SS	EE
0	0	0	0	1
0	1	0	1	0
1	0	1	0	0
1	1	0	0	1

对于多位的情况，一般来说，先比较高位，当高位不等时，两个数的比较结果就是高位的比较结果。当高位相等时，两数的比较结果由低位决定。

四、模块符号

图 1.43 所示为数据比较器模块符号。

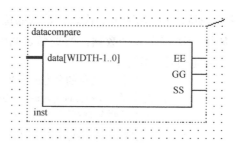

图 1.43　数据比较器模块符号

五、源码

此程序给出一个位宽为 12 的数值比较器，先定义一个常量 B 为 20，输入数值 data 由读者自己设定，然后 data 和 B 相比较，利用 if-else 语句进行判定，根据比较结果，输出端输出高低电平。

```verilog
module datacompare (data,EE,GG,SS);
parameter                WIDTH = 12;
parameter    [WIDTH-1:0]  B = 20;
input        [WIDTH-1:0]  data;
output                   EE,GG,SS;
reg                      EE,GG,SS;
always @ (data)
    begin
        if (data == B)
            EE = 1;
        else
            EE = 0;
        ////////////////////////////////////////////////////////
    if(data > B)
        GG = 1;
        else
        GG = 0;
        ////////////////////////////////////////////////////////
    if (data < B)
        SS = 1;
        else
        SS = 0;
    end
endmodule
```

datacompare 模块实现输入变量 data 与常量 B=20 的比较功能，并把比较的结果通过 EE、GG、SS 三个寄存器输出；always 语句块中三个 if-else 语句分别独立，按顺序执行；程序中用 parameter 定义了 WIDTH、B 两个参数型常量。

項目实施

一、编辑调试模块代码

（1）启动 Quartus II 开发环境，执行"File"→"New Project Wizard"命令，新建工程，指定工程目录名为".. \datacompare"，工程名为"datacompare"，顶层实体名为"datacompare"。

（2）执行"File"→"New"命令，向当前工程中添加 Verilog HDL 文件，在文本编辑区输入"多位数值比较器"源代码，并以"datacompare.v"为文件名保存到工程文件夹根目录下。

（3）执行"Processing"→"Start Compilation"命令或单击 ▶ 图标开始编译。如果编译报错，可根据错误提示重新检查并修改程序，直到编译成功。

二、仿真测试模块功能

（1）新建工程。启动 ModelSim 仿真软件，执行"File"→"New"→"Project"命令，新建工程并命名为"datacompare_test"，路径选择被测试模块"datacompare"所在工程目录。

（2）创建测试文件。在"Project"窗口中双击"datacompare_test.v"文件，在文本编辑区输入"datacompare"模块测试代码，执行"File"→"Save"命令保存文件。"多位数值比较器"模块的测试代码如下：

```verilog
`timescale 1ns/1ns
module datacompare test;
    reg      [11:0]  data;
    wire             EE,GG,SS;
    datacompare datacompare inst
    (
        .data(data),
        .EE(EE),
        .GG(GG),
        .SS(SS)
    );

    initial
    begin
        data=0;
        while(1)
        begin
            #1000 data=12;
            #1000 data=20;
            #1000 data=32;
        end
    end
endmodule
```

（3）添加被测模块文件。单击"Project"，打开"Project"子窗口，在空白区域单击鼠标右键，弹出"添加文件"快捷菜单，选择"Add to Project"→"Existing File"选项，在弹出"添

加文件"对话框中，单击"Browse"按钮，选定被测模块"datacompare.v"文件，单击"OK"按钮，添加到工程"datacompare_test"中。

（4）编译工程。单击"Library"，打开"Library"子窗口，右击"datacompare_test.v"，在弹出的快捷菜单中选择"Recompile"选项，完成编译。

（5）进行仿真。右击"Library"子窗口中"work"下的"datacompare_test"，在弹出的快捷菜单中选择"Simulate"选项进行仿真（详细步骤参考项目1）。

（6）生成波形图。在"Wave"窗口中设置合适仿真时间长度，单击 图标虚拟仿真，即可得到如图1.44所示的"多位数值比较器仿真波形图"。

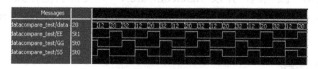

图1.44　多位数值比较器仿真波形图

 拓展练习

练习编写20位数值比较器。

项目6　半加器与全加器设计

项目要求

一、项目任务

◆ 用 Verilog HDL 设计半加器和全加器电路。
◆ 用 ModelSim 软件对半加器和全加器电路进行调试并仿真。

二、实训设备

◆ 装有 Windows 操作系统和 Quartus II 软件的计算机一台。

三、学习目标

◆ 了解结构化建模和数据流建模方式。
◆ 会用位拼接运算符。
◆ 理解半加器、全加器原理。
◆ 会用 VerilogHDL 设计加法器电路。

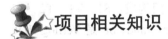

项目相关知识

一、位拼接运算符

在 Verilog HDL 语言有一个特殊的运算符：位拼接运算符{}。用这个运算符可以把两个或多个信号的某些位拼接起来进行运算操作。其使用方法如下：

{信号1的某几位，信号2的某几位，……，信号n的某几位}

即把某些信号的某些位详细地列出来，中间用逗号分开，最后用大括号括起来表示一个整体信号。例如：

{a,b[3:0],w,3'b101}

也可以写成为

{a,b[3],b[2],b[1],b[0],w,1'b1,1'b0,1'b1}

在位拼接表达式中不允许存在没有指明位数的信号。这是因为在计算拼接信号的位宽的大小时必须知道其中每个信号的位宽。

位拼接还可以用重复法来简化表达式。例如：

{4{w}}　　　　　　　//这等同于{w,w,w,w}

位拼接还可以用嵌套的方式来表达。例如：

```
{b,{3{a,b}}}          //这等同于{b,a,b,a,b,a,b}
```
用于表示重复的表达式如上例中的 4 和 3，必须是常数表达式。

二、结构化的建模方式

结构化的建模方式是通过对电路的层次和组成结构进行描述来建模，即通过对器件的调用（HDL 概念称为例化），并使用线网连接各器件来描述一个模块的结构。

这里的器件包括 Verilog HDL 的内置门（如与门 and、异或门 xor 等），也可以是用户自定义的一个模块，还可以是 FPGA 厂商提供的一个基本逻辑单元或者宏。

结构化的描述方式反映了一个设计的层次结构。

```
module FA struct (A, B, Cin, Sum, Cout);
    input    A;
    input    B;
    input    Cin;
    output   Sum;
    output   Cout;
    wire     S1, T1, T2, T3;
    // -- statements -- //
    xor      x1 (S1, A, B);
    xor      x2 (Sum, S1, Cin);
    and      A1 (T1, A, B );
    and      A2 (T2, B, Cin);
    and      A3 (T3, A, Cin);
    or       O1 (Cout, T1, T2, T3 );
endmodule
```

以上实例显示了一个全加器由两个异或门、三个与门、一个或门构成。S1、T1、T2、T3 则是门与门之间的连线。代码显示了用纯结构的建模方式，其中 xor 、and、or 是 Verilog HDL 内置的门器件。以 xor x1（S1, A, B）该例化语句为例：xor 表明调用一个内置的异或门，器件名称 xor，代码实例化名 x1（类似原理图输入方式）。括号内的 S1、A、B 表明该器件引脚的实际连接线（信号）的名称，其中 A、B 是输入，S1 是输出。

三、数据流建模方式

数据流的建模方式就是通过对数据流在设计中的具体行为的描述来建模。最基本的机制就是用连续赋值语句。在连续赋值语句中，某个值被赋给某个线网变量（信号）。语法如下：

```
assign #2 A = B;
```

在数据流描述方式中，还必须借助于 HDL 提供的一些运算符，如算术运算符、关系运算符、逻辑运算符、按位逻辑运算符、条件运算符，以及连接运算符等。通过将这些运算符嵌入到连续赋值语句中，可以形成比较复杂的连续赋值语句，用来描述一些较复杂的线网变量的产生过程（即线网变量的行为）。

```
`timescale 1ns/100ps
    module FA flow(A,B,Cin,Sum,Cout)
        input        A,B,Cin;
```

```
output      Sum, Cout;
wire        S1,T1,T2,T3;
assign  #2  S1 = A ^ B;
assign  #2  Sum = S1 ^ Cin;
assign  #2  T1 = A & B;
assign  #2  T2 = B & Cin;
assign  #2  T3 = A & Cin ;
assign  #2  Cout = T1|T2|T3;
endmodule
```

module 内的各个 assign 语句，是并行执行的，即各语句的执行与语句在 module 内出现的先后顺序无关。当 assign 语句右边表达式中的变量发生变化时，表达式的值会重新计算，并将结果赋值给左边的线网变量。如果赋值语句使用了时延，那么在等待时延结束后再将表达式的值赋给左边的线网变量。上例中每个 assign 语句都加了 2 个时间单位的时延，若右边表达式的值发生变化，assign 语句左边的变量会在 2 个时间单位后获得右边表达式的新值，即当信号 A 发生变化后，S1、T1、T3 也会跟着变化（A 变化的 2 个时间单位后），S1 的变化又会导致 Sum 的变化（A 变化的 4 个时间单位后）。

数据流描述方式，相对于行为描述方式而言，描述的都是比较简单的信号，不用类似高级语言的高级语句（如 if-else、case 等）就可以很容易地将信号的行为描述出来。而且通过数据流描述方式描述的电路，可以很容易地看出它的电路组成，如通过几个与门或者几个异或门，不需要经过很复杂的分析就可得知。对于行为描述方式，由于嵌入了大量的高级语句，可以很容易理解电路的行为，却不容易一下子看出电路的结构来。

四、半加器原理

1. 真值表

加法器电路分为半加器和全加器两种。半加器在运算时不考虑前位的进位；全加器则考虑前位的进位。因此，全加器在电路的实现上也较复杂些。表 1.9 所示为半加器真值表。

表 1.9　半加器真值表

X	Y	Sum	C
0	0	0	0
0	1	1	0
1	0	1	0
1	1	0	1

2. 半加器的逻辑式

X、Y（下面式子中以 A、B 代替）为要进行运算的两个值，Sum（下面式子中以 S 代替）和数，C 为向高位的进位值。

$$S = \overline{A}B + A\overline{B} = A \oplus B$$
$$C = A \cdot B$$

(1-1)

若只用"与非门"来实现，则为：

$$S = \overline{A}B + A\overline{B} = \overline{\overline{\overline{AB} \cdot A} \cdot \overline{\overline{AB} \cdot B}}$$

$$C = AB = \overline{\overline{AB}}$$

(1-2)

注意：式（1-2）中的 S 也可表为 $S = \overline{\overline{\overline{AB} \cdot AB}}$，仍是与非表达式且更简单。但以式（1-2）组成的电路，在求和 S 电路中，同时生成进位信号 $C = \overline{\overline{AB}}$，可节省单独生成进位 C 的门。所以实用中常使用式（1-2）的逻辑电路。

五、全加器原理

1. 真值表

表 1.10 所示为全加器的真值表。

表 1.10　全加器的真值表

输　　入			输　　出	
A	B	Cin	S	Cont
0	0	0	0	0
0	0	1	1	0
0	1	0	1	0
0	1	1	0	1
1	0	0	1	0
1	0	1	0	1
1	1	0	0	1
1	1	1	1	1

2. 全加器的逻辑式

A，B（下面式子中以 Ai，Bi 代替）为要进行运算的两个值，Cin（下面式子中以 Ci 代替）为低位来的进位，S（下面式子中以 Si 代替）为和数，Cont（下面式子中以 Ci+1 代替）为向高位的进位值。

$$S_i = A_i \oplus B_i \oplus C_i$$
$$C_{i+1} = (A_i \oplus B_i)C_i + A_i B_i$$
$$= \overline{\overline{(A_i \oplus B_i) \cdot C_i} \cdot \overline{A_i \cdot B_i}}$$

六、模块符号

1. 半加器模块符号

图 1.45 所示为半加器模块符号。

2. 全加器模块符号

图 1.46 所示为全加器模块符号。

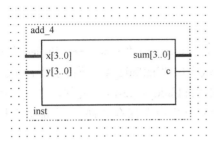

图 1.45 半加器模块符号

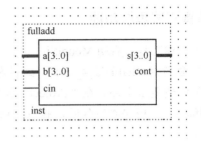

图 1.46 全加器模块符号

七、源码

虽然在原理上很难理解，但是用 Verilog HDL 来描述加法器是相当容易的，只需要把运算表达式写出就可以了，通过观察源码就会明白这点。

1. 半加器

```
module add_4(x,y,sum,c);
    input    [3:0]    x,y;
    output   [3:0]    sum;
    output            c;
    assign   {c,sum}=x+y;
endmodule
```

2. 全加器

```
module fulladd(a,b,s,cin,cont);
    input    [3:0]    a,b;
    input             cin;
    output   [3:0]    s;
    output            cont;
    assign   {cont,s}=a+b+cin;
endmodule
```

可以发现，用 Verilog 实现半加器和全加器是非常简单的。

半加器和全加器的程序中应用了位拼接运算符，解决半加器和全加器有进位问题，例如，当 x=1'b1、y=1'b1，则 x+y=2'b10，执行语句 "assign {c,sum}=x+y;" 后，c=1'b1，sum=1'b0。

 项目实施

一、编辑调试模块代码

（1）启动 Quartus II 开发环境，执行 "File" → "New Project Wizard" 命令，新建工程，指定工程目录名为 "..\halfadd_4"，工程名为 "halfadd_4"，顶层实体名为 "halfadd_4"。

（2）执行 "File" → "New" 命令，向当前工程中添加 Verilog HDL 文件，在文本编辑区输入 "半加器" 源代码，并以 "halfadd_4.v" 为文件名保存到工程文件夹根目录下。

（3）执行 "Processing" → "Start Compilation" 命令或单击 ▶ 图标开始编译。如果编译报错，可根据错误提示重新检查并修改程序，直到编译成功。

二、仿真测试模块功能

（1）新建工程。启动 ModelSim 仿真软件，执行"File"→"New"→"Project"命令，新建工程并命名为"halfadd_4_test"，路径选择被测试模块"halfadd_4"所在工程目录。

（2）创建测试文件。在"Project"窗口中双击"halfadd_4_test.v"文件，在文本编辑区输入"halfadd_4"模块测试代码，执行"File"→"Save"命令保存文件。"半加器"模块测试代码如下：

```verilog
`timescale 1ns/1ns
module add test;
    reg      [3:0]   x,y;
    wire [3:0]   sum;
    wire             c;
    add 4 add 4 inst
     (
      .x(y),
      .y(y),
      .sum(sum),
      .c(c)
);

    initial
    begin
      #20 x=4;y=1;
      #20 x=5;y=5;
      #20 x=6;y=1;
     end
endmodule
//////////////////////全加器测试模块//////////////////////
`timescale 1ns/1ns
module fulladd test;
    reg      [3:0]   a,b;
    reg              cin;
    wire [3:0]       s;
    wire             cont;
    fulladd fulladd inst
(
      .a(a),
      .b(b),
      .cin(cin),
      .cont(cont),
      .s(s)
);
    initial
begin
      #20 a=4;b=1;cin=1;
      #20 a=5;b=5;cin=0;
```

```
      #20 a=6;b=1;cin=1;
   end
endmodule
```

（3）添加被测模块文件。单击"Project"，打开"Project"子窗口，在空白区域单击鼠标右键，弹出"添加文件"快捷菜单，选择"Add to Project"→"Existing File"选项，在弹出"添加文件"对话框中，单击"Browse"按钮，选定被测模块"halfadd_4.v"文件，单击"OK"按钮，添加到工程"halfadd_4_test"中。

（4）编译工程。单击"Library"，打开"Library"子窗口，右击"halfadd_4_test.v"，在弹出的快捷菜单中选择"Recompile"选项，完成编译。

（5）进行仿真。右击"Library"子窗口中"work"下的"halfadd_4_test"，在弹出的快捷菜单中选择"Simulate"选项进行仿真（详细步骤参考项目1）。

（6）生成波形图。在"Wave"窗口中设置合适仿真时间长度，单击 图标虚拟仿真，即可得到如图1.47所示的"半加器仿真波形图"。

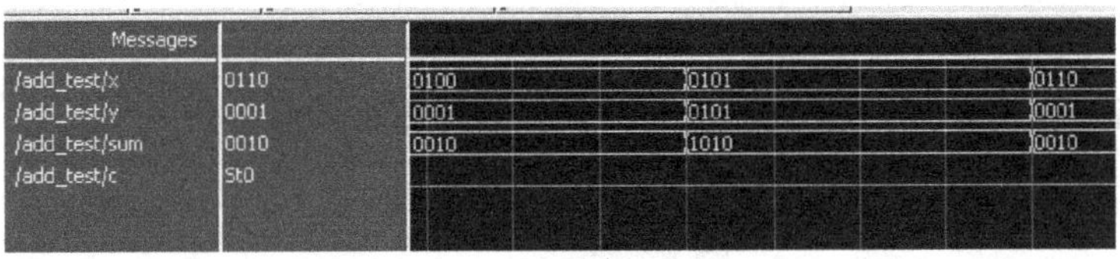

Messages					
/add_test/x	0110	0100	0101		0110
/add_test/y	0001	0001	0101		0001
/add_test/sum	0010	0010	1010		0010
/add_test/c	St0				

图 1.47　半加器仿真波形图

（7）"全加器"模块的仿真测试步骤同上，可得如图1.48所示的"全加器仿真波形图"。

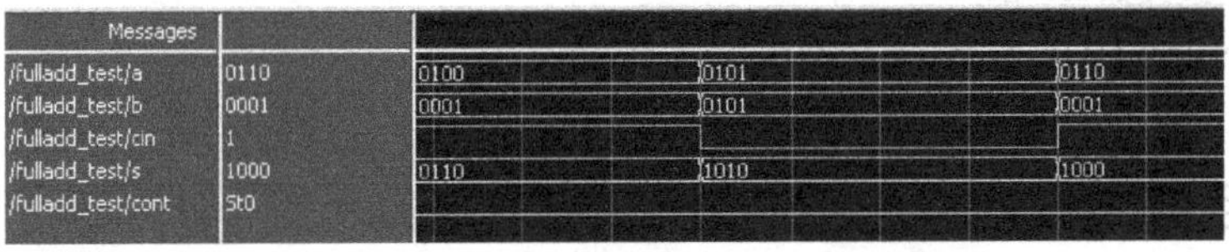

Messages					
/fulladd_test/a	0110	0100	0101		0110
/fulladd_test/b	0001	0001	0101		0001
/fulladd_test/cin	1				
/fulladd_test/s	1000	0110	1010		1000
/fulladd_test/cont	St0				

图 1.48　全加器仿真波形图

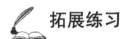 拓展练习

练习编写 8 位全加器。

项目7　D 触发器设计

项目要求

一、项目任务

◆ 用 Verilog HDL 设计 D 触发器电路。
◆ 用 ModelSim 软件对 D 触发器电路进行调试并仿真。

二、实训设备

◆ 装有 Windows 操作系统和 Quartus II 软件的计算机一台。

三、学习目标

◆ 掌握 Verilog HDL 算术运算符和位运算符知识。
◆ 了解行为建模方式。
◆ 理解 D 触发器原理。
◆ 会用 Verilog HDL 设计触发器电路。

项目相关知识

一、算术运算符和位运算符

1. 基本的算术运算符

在 Verilog HDL 语言中，算术运算符又称为二进制运算符，共有下面几种：

● ＋（加法运算符，或正值运算符，如 rega＋regb，＋3）；
● −（减法运算符，或负值运算符，如 rega-3，−3）；
● ×（乘法运算符，如 rega*3）；
● /（除法运算符，如 5/3）；
● ％（模运算符，或称为求余运算符，要求％两侧均为整型数据，如 7％3 的值为 1）。

在进行整数除法运算时，结果值要略去小数部分，只取整数部分。而进行取模运算时，结果值的符号位采用模运算式中第一个操作数的符号位。例如：

模运算表达式	结果	说明
10％3	1	余数为 1
11％3	2	余数为 2

12%3	0	余数为 0 即无余数
−10%3	−1	结果取第一个操作数的符号位，所以余数为-1
11%3	2	结果取第一个操作数的符号位，所以余数为 2

注意：在进行算术运算操作时，如果某一个操作数有不确定的值 x，则整个结果也为不定值 x。

2．位运算符

Verilog HDL 作为一种硬件描述语言，是针对硬件电路而言的。在硬件电路中信号有四种状态值 1、0、x、z，在电路中信号进行与或非时，反映在 Verilog HDL 中则是相应的操作数的位运算。Verilog HDL 提供了五种位运算符：~（取反）、&（按位与）、|（按位或）^（按位异或）、^~（按位同或（异或非）。

说明：

位运算符中除了"～"是单目运算符以外，均为二目运算符，即要求运算符两侧各有一个操作数。位运算符中的二目运算符要求对两个操作数的相应位进行运算操作。

下面对各运算符分别进行介绍：

（1）取反运算符"‾"。"～"是一个单目运算符，用来对一个操作数进行按位取反运算。其运算规则如表 1.11 所示。

表 1.11　按位取反运算规则

~	
1	0
0	1
x	x

举例说明：

```
a='b1010;                //a的初值为'b1010
ra=~a;                   //a的值进行取反运算后变为'b0101
```

（2）按位与运算符"&"。按位与运算就是将两个操作数的相应位进行与运算。其运算规则如表 1.12 所示。

表 1.12　按位与运算规则

&	0	1	x
0	0	0	0
1	0	1	x
x	0	x	x

（3）按位或运算符"|"。按位或运算就是将两个操作数的相应位进行或运算。其运算规则如表 1.13 所示。

表 1.13　按位或运算规则

		0	1	x
0	0	1	x
1	1	1	1
x	x	1	x

（4）按位异或运算符"^"（也称为 XOR 运算符）。按位异或运算就是将两个操作数的相应位进行异或运算。

其运算规则如表 1.14 所示。

表 1.14　按位异或运算规则

^	0	1	x
0	0	1	x
1	1	0	x
x	x	x	x

（5）按位同或运算符"^¯"。按位同或运算就是将两个操作数的相应位先进行异或运算再进行非运算。

其运算规则如表 1.15 所示。

表 1.15　按位同或运算规则

^~	0	1	x
0	1	0	x
1	0	1	x
x	x	x	x

（6）不同长度的数据进行位运算。两个长度不同的数据进行位运算时，系统会自动地将两者按右端对齐，位数少的操作数会在相应的高位补 0，以使两个操作数按位进行操作。

二、行为建模方式

行为描述方式是指通过对信号的行为进行描述来建模。在表示方面，类似数据流建模方式，但一般是把用 initial 块语句或 always 块语句描述的归为行为建模方式。行为描述方式中，我们不关心电路使用哪些基本逻辑单元（如逻辑门、厂商的基本逻辑单元 LUT 等），也不关心这些基本逻辑单元最终是怎么连起来的，只关心电路具有什么样的功能。为了达到这个目的，行为描述建模方式中使用了大量的类似 C 语言的高级语句，如 if-else、case、for、while 等，可以很方便地用简洁的代码描述复杂的电路。task（任务）和 function（函数）也属于行为描述方式建模。

和数据流建模方式一样，行为建模方式也需要使用到各种运算符，将各种运算符和高级语句配合起来使用，可以对复杂的电路进行抽象建模，只关心电路的功能，不关心电路的具体实现。电路的具体实现过程由软件自动完成。采用行为描述的建模方式，对电路的描述效率更高，可以用简洁的语句描述复杂的逻辑电路。

```
module FA behav1(A, B, Cin, Sum, Cout );
    input        A,B,Cin;
    output       Sum,Cout;
    reg          Sum, Cout;
    reg          T1,T2,T3;
    always@ ( A or B or Cin )
    begin
```

```
            Sum = (A ^ B) ^ Cin ;
            T1 = A & B ;
            T2 = B & Cin;
            T3 = A & Cin;
           Cout = (T1| T2) | T3;
       end
    endmodule
```

行为建模中的关键字：reg、always、begin 、end。对于行为建模方式，以下几点概念必须建立：

（1）只有寄存器类型的信号才可以在 always 和 initial 语句中进行赋值(过程赋值)，类型定义使用 reg 关键字声明。由于信号默认的类型是 wire，因此 reg 型变量必须在 module 中声明。

（2）always 语句是一直重复执行的，由敏感表（always 语句括号内的变量）中的变量触发，每次敏感列表中的变量发生变化时，always 语句内部的各个语句都要重新执行一次。

（3）always 语句从 0 时刻开始。

（4）在 begin 和 end 之间的语句是顺序执行，属于串行语句。

```
module FA behav2(A, B, Cin, Sum, Cout );
      input      A,B,Cin;
      output     Sum,Cout;
      reg        Sum, Cout;
      always@ ( A or B or Cin )
      begin
      {Cout ,Sum} = A + B + Cin ;
   end
 endmodule
```

在本例中，采用更加高级（更趋于行为级）描述方式，即直接采用"+"来描述加法。{Cout, Sum}表示对位数的扩展，因为两个 1bit 相加，和有两位，低位放在 Sum 变量中，进位放在 Cout 中。

行为描述方式可以使用一些类似于 C 语言的高级语句，如 if-else 和 case 等。一段使用 case 语句进行行为描述方式建模的代码，如果改为用数据流描述方式来实现（假设都是组合逻辑，组合逻辑可用数据流描述方式和行为描述方式建模，时序逻辑只能用行为描述方式建模），代码量会剧增，可读性也会很差。行为描述方式体现了 Verilog HDL 的精髓和强大的建模能力，同时代码具有很好的可读性和抽象性，体现了高级语言的优点。当然，结构建模方式和数据建模方式也是必不可少的，应该根据需要合理地搭配使用三种不同的方式进行建模。

三、D 触发器原理

触发器是一个具有记忆功能的二进制信息存储器件，是构成多种时序电路的最基本逻辑单元。触发器具有两个稳定状态，即"0"和"1"，在一定的外界信号作用下，可以从一个稳定状态翻转到另一个稳定状态。

D 触发器的状态方程为 $Q^{n+1}=D$。其状态的更新发生在 CP 脉冲的边沿，触发器的状态只取决于时钟到来时 D 端的状态。D 触发器应用很广，可用做数字信号的寄存、移位寄存器。

图 1.49 所示为 D 触发器逻辑符号。

图 1.49　D 触发器逻辑符号

CP 为时钟，每来一个时钟，D 端会输入一个新的数据，同时 Q 端输出一个数据，需要知道的是，Q 端输出的数据就是 D 端输入的数据，然后 Q 端保存这个状态，直到下一个数据输入，这就是 D 触发器的功能。

（1）D 触发器特性表。表 1.16 所示为 D 触发器特性表。

表 1.16　D 触发器特性表

D	Q^n	Q^{n+1}
0	0	0
0	1	0
1	0	1
1	1	1

Q^n 为前一状态输出，Q^{n+1} 为输入改变时的输出。由特性表可知，不管前一状态如何，输出总等于输入。

（2）D 触发器状态转换图。D 触发器的状态转换图如图 1.50 所示。

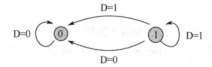

图 1.50　D 触发器状态转换图

四、模块符号

图 1.51 所示为 D 触发器的模块符号。

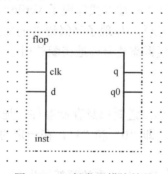

图 1.51　D 触发器模块符号

五、源码

```verilog
module flop(clk,d,q,q0);
    input    clk,d;
    output   q,q0;
    reg      q,q0;
    initial
    begin
        q=0;
    end
    always@(posedge clk)
    begin
        q<=d;
        q0<=!d;
    end
endmodule
```

 项目实施

一、编辑调试模块代码

（1）启动 Quartus II 开发环境，执行"File"→"New Project Wizard"命令，新建工程，指定工程目录名为"..\flop"，工程名为"flop"，顶层实体名为"flop"。

（2）执行"File"→"New"命令，向当前工程中添加 Verilog HDL 文件，在文本编辑区输入"D 触发器"源代码，并以"flop.v"为文件名保存到工程文件夹根目录下。

（3）执行"Processing"→"Start Compilation"命令或单击 ▸ 图标开始编译。如果编译报错，可根据错误提示重新检查并修改程序，直到编译成功。

二、仿真测试模块功能

（1）新建工程。启动 ModelSim 仿真软件，执行"File"→"New"→"Project"命令，新建工程并命名为"flop_test"，路径选择被测试模块"flop"所在工程目录。

（2）创建测试文件。在"Project"窗口中双击"flop_test.v"文件，在文本编辑区输入"flop"模块测试代码，执行"File"→"Save"命令保存文件。"D 触发器"模块测试代码如下：

```verilog
`timescale 1ns/1ns
module flop test;
    reg      clk,d;
    wire     q,q0;
    flop flop inst
    (
        .clk(clk),
        .d(d),
        .q(q),
        .q0(q0)
```

```
);
initial
begin
        clk=0;
        while(1)
        #10 clk=~clk;
end
initial
begin
    while(1)
    begin
        #20 d=1;
        #30 d=0;
        #20 d=1;
    end
  end
endmodule
```

（3）添加被测模块文件。单击"Project"，打开"Project"子窗口，在空白区域单击鼠标右键，弹出"添加文件"快捷菜单，选择"Add to Project"→"Existing File"选项，在弹出"添加文件"对话框中，单击"Browse"按钮，选定被测模块"flop.v"文件，单击"OK"按钮，添加到工程"flop_test"中。

（4）编译工程。单击"Library"，打开"Library"子窗口，右击"flop_test.v"，在弹出的快捷菜单中选择"Recompile"选项，完成编译。

（5）进行仿真。右击"Library"子窗口中"work"下的"flop_test"，在弹出的快捷菜单中选择"Simulate"选项进行仿真（详细步骤参考项目1）。

（6）生成波形图。在"Wave"窗口中设置合适仿真时间长度，单击图标虚拟仿真即可得到如图1.52所示的"D触发器仿真波形图"。

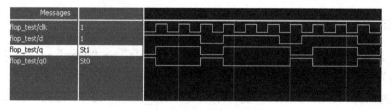

图1.52　D触发器仿真波形图

 拓展练习

练习编写 RS 触发器代码。

项目8 寄存器，双向移位寄存器设计

项目要求

一、项目任务

◆ 用 Verilog HDL 设计一个 4 位的寄存器电路。

◆ 用 Verilog HDL 设计一个 8 位宽度，有复位、双向移位和串入并出功能的移位寄存器电路。

◆ 用 ModelSim 软件对寄存器和移位寄存器电路进行调试并仿真。

二、实训设备

◆ 装有 Windows 操作系统和 Quartus II 软件的计算机一台。

三、学习目标

◆ 理解阻塞赋值和非阻塞赋值语句的区别。

◆ 掌握移位运算符的使用方法。

◆ 理解寄存器、移位寄存器器原理。

◆ 掌握双向移位寄存器的编程技巧。

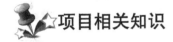

项目相关知识

一、赋值运算

赋值语句的功能是用赋值语句右端的表达式所定义的逻辑来驱动该赋值语句左端表达式的变量。

1. 阻塞赋值语句

阻塞赋值用符号"="表示。阻塞赋值表示在当前的赋值完成前阻塞其他的赋值任务。即在赋值时，先计算"="右边的值，此时赋值语句不允许任何别的赋值任务的干扰，直到现行的赋值完成时，才允许别的赋值语句的执行。也就是说，在同一个块语句中，其后面的赋值语句是在前一句赋值语句结束后才开始赋值的。

例如，下面的程序：

```
initial
    begin
        a=0;            //阻塞赋值语句S1
```

```
        a=1;              //阻塞赋值语句S2
    end
```

该程序中包含了两条阻塞赋值语句 S1 和 S2，假设 initial 块是在仿真时刻 0 得到执行的。由于 S1 和 S2 都是阻塞赋值语句，因此在执行 S1 时，S2 被"阻塞"而不能得到执行；只有在 S1 执行完毕，a 被赋值为 0 之后，S2 才开始执行。而 S2 的执行将使变量 a 重新被赋值为 1。

2. 非阻塞赋值语句

非阻塞赋值用符号"＜＝"表示。非阻塞赋值表示在当前的赋值未完成前不阻塞其他的赋值任务。即在赋值操作开始时计算"＜＝"右边的表达式，在赋值操作结束时更新"＜＝"左边的变量，并且在赋值操作的过程中，允许其他赋值语句同时执行。也就是说，在同一个块语句中，其后面的赋值语句是在前一句非阻塞赋值语句开始时，同时开始赋值的，并且是在块语句结束时，同时更新左边的变量后一起结束的。

例如，下面的程序：

```
initial
    begin
        A<=1;    //非阻塞赋值语句S3
        B<=1;    //非阻塞赋值语句S4
    end
```

该程序中包含了两条非阻塞赋值语句 S3 和 S4，假设 initial 块是在仿真时刻 0 得到执行的。语句 S3 首先得到执行，但是对被赋值对象 A 的赋值操作要等到当前时间步结束时（initial 块结束时）才执行，同时因为 S3 是一条非阻塞赋值语句，所以 S3 不会阻塞 S4 的执行，于是 S4 也随即开始执行，但对被赋值变量 B 的赋值操作也要等到当前时间步结束时（initial 块结束时）才执行。所以，在当前时间步结束时（initial 块结束时）被赋值变量 A 和 B 同时被赋值为 1。

二、移位运算

在 Verilog HDL 中有两个移位运算符：<<（左移位运算符）、>>（右移位运算符）。
其使用方法如下：

```
data >> N 或 data << N
```

data 代表要进行移位的操作数，N 代表要移几位。这两种移位运算都用 0 来填补移出的空位。下面举例说明：

```
module  shift;
reg       [3:0]  start, result;
initial
begin
    start = 1; //start在初始时刻设为值0001
    result = (start<<2);
    //移位后，start的值0100，然后赋给result。
  end
endmodule
```

从上面的例子可以看出，start 在移过两位以后，用 0 来填补空出的位。
进行移位运算时应注意移位前后变量的位数，例如：

```
4'b1101<<1 = 5'b11010;   4'b1001<<2 = 6'b100100;
1<<5 = 32'b100000;         4'b0101>>1 = 4'b0010;
```

三、寄存器原理

这里介绍并入、并出存取数据功能的寄存器。

1. 电路图

N 个 D 触发器构成，电路图如图 1.53 所示。

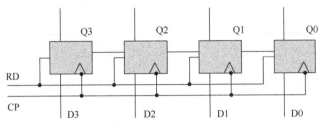

图 1.53　寄存器电路图

2. 工作原理

（1）CP 不为上升沿，且 RD=1 时，寄存器输出保持不变。

（2）CP 上升沿，且 RD=1 时，输入端 D0～D3 送寄存器，Q0-Q3 输出等于输入，并保持此数据直到下一个时钟沿到来。

（3）RD=0 时，异步清零。

四、移位寄存器原理

1. 电路图

存储数据，所存数据可在移位脉冲作用下逐位左移或右移，即实现串入串出。在数字电路系统中，由于运算（如二进制的乘除法）的需要，常常要求实现移位功能。分类：单向移位、双向移位。下面介绍单向移位寄存器。图 1.54 所示为单向移位寄存器电路图。

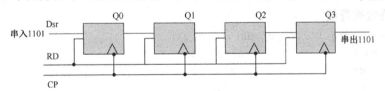

图 1.54　移位寄存器电路图

2. 工作过程

（1）串入串出：前触发器输出端 Q 与后数据输入端 D 相连接。当时钟到时，加至串行输入端 Dsr 的数据送 Q0，同时 Q0 的数据右移至 Q1，Q1 的数据右移至 Q2，以此类推。将数码 1101 右移串行输入给寄存器共需要 4 个移位脉冲。

（2）Q3 可串行输出从输入端 Dsr 存入的数据，4 个移位脉冲后到第一个数据，要全部输出共需 8 个移位脉冲。

知道了单向移位寄存器的原理，双向移位寄存器就自然很好理解了。

五、模块符号

（1）寄存器模块符号。图 1.55 所示为寄存器模块符号。

（2）双向移位寄存器模块符号。图 1.56 所示为双向移位寄存器模块符号。

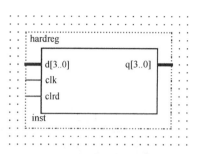

图 1.55　寄存器模块符号

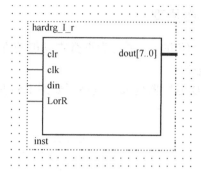

图 1.56　双向移位寄存器模块符号

六、源码

1. 寄存器

```
module hardreg(d,cp,rd,q);
    input           cp,rd;
    input   [3:0]       d;
    output  [3:0]       q;
    reg     [3:0]       q;
    always@(posedge cp or posedge rd)
    begin
        if(rd)
            q<=0;
        else
            q<=d;
    end
endmodule
```

2. 双向移位寄存器

```
module hardrg l r(rd,cp,dsr,LorR,q);
    input           rd,cp,dsr;
    input           LorR;
    output  [7:0]       q;
    reg     [7:0]       fifo;
    assign  q=fifo;
    always@(posedge cp)
        if(rd)
            fifo<=0;
        else
            if(LorR)
                fifo<={fifo[6:0],dsr};//左移
            else
                fifo<={dsr,fifo[7:1]};//右移
endmodule
```

 项目实施

一、编辑调试模块代码

（1）启动 Quartus II 开发环境，执行"File"→"New Project Wizard"命令，新建工程，指定工程目录名为"..\hardreg_l_r"，工程名为"hardreg_l_r"，顶层实体名为"hardreg_l_r"。

（2）执行"File"→"New"命令，向当前工程中添加 Verilog HDL 文件，在文本编辑区输入"双向移位寄存器"源代码，并以"hardreg_l_r.v"为文件名保存到工程文件夹根目录下。

（3）执行"Processing"→"Start Compilation"命令或单击 ▶ 图标开始编译。如果编译报错，可根据错误提示重新检查并修改程序，直到编译成功。

二、仿真测试模块功能

（1）新建工程。启动 ModelSim 仿真软件，执行"File"→"New"→"Project"命令，新建工程并命名为"hardreg_l_r_test"，路径选择被测试模块"hardreg_l_r_test"所在工程目录。

（2）创建测试文件。在"Project"窗口中双击"hardreg_l_r_test.v"文件，在文本编辑区输入"hardreg_l_r"模块测试代码，执行"File"→"Save"命令保存文件。"双向移位寄存器"模块和"寄存器"模块测试代码如下：

```
////////////////////////寄存器测试模块////////////////////////////
`timescale 1ns/1ns
module hardreg test;
    reg            clk,clrb;
    reg     [3:0]  d;
    wire    [3:0]  q;
    hardreg  hardreg inst
    (
        .clk(clk),
        .d(d),
        .q(q),
        .clrb(clrb)
    );
initial
    begin
        clk=0;
        while(1)
            #10 clk=~clk;
    end
initial
        begin
        clrb=1;
        while(1)
            #10 clrb=0;
    end
```

```verilog
    initial
        begin
            #200 d=4'b1100;
            #200 d=4'b0011;
            #200 d=4'b1001;
        end
endmodule
/////////////////双向移位寄存器测试模块///////////////////
`timescale 1ns/1ns
module hardreg_lr_test;
reg             clk,clr,din,LorR;
wire [7:0]  dout;
hardrg_l_r  hardrg_l_r_inst
(
        .clk(clk),
        .din(din),
        .dout(dout),
        .clr(clr),
        .LorR(LorR)
);
    initial
        begin
            clk=0;
            while(1)
                #10 clk=~clk;
        end

    initial
        begin
            clr=1;
            while(1)
                #10 clr=0;
        end
    initial
        begin
            LorR=1;
            #1000 LorR=0;
        end
    initial
        begin
        while(1)
            begin
                #20 din=1;
                #20 din=0;
                #20 din=1;
                #20 din=1;
```

```
                    #20 din=1;
                    #20 din=1;
                    #20 din=0;
                    #20 din=0;
                end
            end
        endmodule
```

（3）添加被测模块文件。单击"Project"，打开"Project"子窗口，在空白区域单击鼠标右键，弹出"添加文件"快捷菜单，选择"Add to Project"→"Existing File"选项，在弹出"添加文件"对话框中，单击"Browse"按钮，选定被测模块"hardreg_l_r.v"文件，单击"OK"按钮，添加到工程"hardreg_l_r_test"中。

（4）编译工程。单击"Library"，打开"Library"子窗口，右击"*hardreg_l_r_test.v"，在弹出的快捷菜单中选择"Recompile"选项，完成编译。

（5）进行仿真。右击"Library"子窗口中"work"下的"hardreg_l_r_test"，在弹出的快捷菜单中选择"Simulate"选项进行仿真（详细步骤参考项目1）。

（6）生成波形图。在"Wave"窗口中设置合适仿真时间长度，单击▦图标虚拟仿真，即可得到如图1.57所示的"双向移位寄存器仿真波形图"。

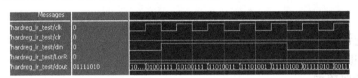

图1.57　双向移位寄存器仿真波形图

（7）请读者参考以上步骤和测试代码完成"寄存器"模块的功能仿真测试。

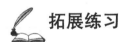 拓展练习

练习编写有串入并出、置数和保持等功能的双向寄存器。

项目 9　四位二进制加减计数器设计

项目要求

一、项目任务

◆ 用 Verilog HDL 设计一个模 16、有加减和复位功能的二进制计数器电路。
◆ 用 ModelSim 软件对二进制计数器电路进行调试并仿真。

二、实训设备

◆ 装有 Windows 操作系统和 Quartus II 软件的计算机一台。

三、学习目标

◆ 编写可逆计数器 Verilog 代码，并调试仿真。
◆ 了解 Verilog HDL 逻辑运算符和缩减运算符。
◆ 理解计数器原理。
◆ 会用 VerilogHDL 设计具有加减和复位功能的可逆计数器电路。

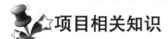

项目相关知识

一、逻辑运算符

在 Verilog HDL 语言中存在三种逻辑运算符：&&（逻辑与）、||（逻辑或）、!（逻辑非）。
"&&" 和 "||" 是二目运算符，它要求有两个操作数，如(a>b)&&(b>c)、(a<b)||(b<c)。"!"是单目运算符，只要求一个操作数，如!(a>b)。表 1.17 所示为逻辑运算的真值表。它表示当 a 和 b 的值为不同的组合时，各种逻辑运算所得到的值。

表 1.17　逻辑运算的真值表

a	b	!a	!b	a&&b	a||b
真	真	假	假	真	真
真	假	假	真	假	真
假	真	真	假	假	真
假	假	真	真	假	假

逻辑运算符中 "&&" 和 "||" 的优先级别低于关系运算符，"!" 高于算术运算符。见下例：

(a>b)&&(x>y)　　　　　　可写成：a>b && x>y

| (a==b)\|\|(x==y) | 可写成： a==b \|\| x==y |
| (!a)\|\|(a>b) | 可写成： !a \|\| a>b |

为了提高程序的可读性，明确表达各运算符间的优先关系，建议使用括号。

二、缩减运算符

缩减运算符是单目运算符，也有与或非运算。其与或非运算规则类似于位运算符的与或非运算规则，但其运算过程不同。位运算是对操作数的相应位进行与或非运算，操作数是几位数则运算结果也是几位数。而缩减运算则不同，缩减运算是对单个操作数进行或与非递推运算，最后的运算结果是一位的二进制数。缩减运算的具体运算过程是这样的:第一步先将操作数的第一位与第二位进行或与非运算，第二步将运算结果与第三位进行或与非运算，以此类推，直至最后一位。

例如：

```
reg [3:0] B;
reg C;
C = &B;
```

相当于：

```
C =( (B[0]&B[1]) & B[2] ) & B[3];
```

由于缩减运算的与、或、非运算规则类似于位运算符与、或、非运算规则，这里不再详细讲述，请参照位运算符的运算规则介绍。

三、计数器原理

1．计数器简介

（1）计数是一种最简单的基本运算，计数器就是实现这种运算的逻辑电路，计数器在数字系统中主要是对脉冲的个数进行计数，以实现测量、计数和控制的功能，同时兼有分频功能。

（2）计数器是由基本的计数单元和一些控制门所组成的，计数单元则由一系列具有存储信息功能的各类触发器构成，这些触发器有 RS 触发器、T 触发器、D 触发器及 JK 触发器等。

（3）计数器在数字系统中应用广泛，如在电子计算机的控制器中对指令地址进行计数，以便顺序取出下一条指令，在运算器中作乘法、除法运算时记下加法、减法次数，又如在数字仪器中对脉冲的计数等。

（4）计数器按计数进制不同，可分为二进制计数器、十进制计数器、其他进制计数器和可变进制计数器。

（5）若按计数单元中各触发器所接收计数脉冲和翻转顺序或计数功能来划分，则有异步计数器和同步计数器两大类，以及加法计数器、减法计数器、加/减计数器等。

（6）如按预置和清除方式来分，则有并行预置、直接预置、异步清除和同步清除等差别；按权码来分，则有"8421"码，"5421"码、余"3"码等计数器；按集成度来分，有单、双位计数器等。其最基本的分类，如图 1.58 所示。

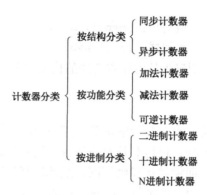

图 1.58 计数器分类

2. 同步二进制计数器

这里只讲同步二进制计数器的一种，同步二进制计数器可用 T 触发器构成，在这种计数器中，当每次 CP 信号到达时应使该翻转的那些触发器输入控制端 $T_i=1$，不该翻转的 $T_i=0$。图 1.59 所示为 T 触发器构成的计数器。

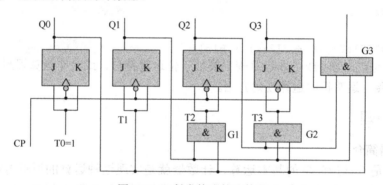

图 1.59　T 触发构成的计数器

由图 1.59 可见，各触发器的驱动方程为：

$$\begin{cases} T_0=1 \\ T_1=Q_0 \\ T_2=Q_0Q_1 \\ T_3=Q_0Q_1Q_2 \end{cases}$$

将上式带入 T 触发器的特性方程式得到电路的状态方程：

$$\begin{cases} Q_0^{n+1}=\overline{Q_0} \\ Q_1^{n+1}=Q_0\overline{Q_0}+\overline{Q_0}Q_1 \\ Q_2^{n+1}=Q_0Q_1\overline{Q_2}+\overline{Q_0Q_1}Q_2 \\ Q_3^{n+1}=Q_0Q_1Q_2\overline{Q_3}+\overline{Q_0Q_1Q_2}Q_3 \end{cases}$$

电路的输出方程为：

$$C=Q_0Q_1Q_2Q_3$$

根据状态方程和输出方程可求出状态转换表，利用第 16 个计数脉冲到达时 C 端电位的下降沿可作为向高位计数器电路进位的输出信号，表 1.18 所示为状态转换表。

表 1.18　状态转换表

计数顺序	电路状态				等效十进制数	进位输出
	Q3	Q2	Q1	Q0		
0	0	0	0	0	0	0
1	0	0	0	1	1	0
2	0	0	1	0	2	0
3	0	0	1	1	3	0
4	0	1	0	0	4	0
5	0	1	0	1	5	0
6	0	1	1	0	6	0
7	0	1	1	1	7	0
8	1	0	0	0	8	0
9	1	0	0	1	9	0
10	1	0	1	0	10	0
11	1	0	1	1	11	0
12	1	1	0	0	12	0
13	1	1	0	1	13	0
14	1	1	1	0	14	0
15	1	1	1	1	15	1
16	0	0	0	0	0	0

由表 1.18 可知，每输入 16 个脉冲计数器工作一个循环，并在输出端 Q3 产生一个进位输出信号，所以又把这个电路称为十六进制计数器。

3. 可逆计数器

同时兼有加和减两种计数功能的计数器。可逆计数器有一控制端，通过改变控制端的电平来选择模式，设置是加还是减，可逆计数器相对复杂，但分析过程和普通计数器是一样的，这里不多介绍，代码实现的就是可逆计数器功能，用 Verilog 语言实现是很简单直观的。

四、模块符号

图 1.60 所示为二进制可逆加法器模块符号。

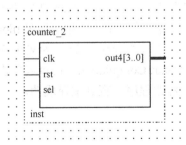

图 1.60　可逆二进制计数器模块符号

五、源码

```
module counter 2(CP,CR,X,Q);
input          CP,CR,X;
Output   [3:0]  Q;
Reg      [3:0]  Q;
always @(posedge CP or posedge CR)
 begin
    if(CR)
       Q<=0;
    else
    case(X)
       1:
           begin
               if(Q==4'hf)
                   Q<=0;
               else
                   Q<=Q+1;
           end
       0:
       begin
          if(Q==0)
               Q<=4'hf;
          else
               Q<=Q-1;
       end
       endcase
    end
endmodule
```

项目实施

一、编辑调试模块代码

（1）启动 Quartus II 开发环境，执行"File"→"New Project Wizard"命令，新建工程，指定工程目录名为"..\counter_2"，工程名为"counter_2"，顶层实体名为"counter_2"。

（2）执行"File"→"New"命令，向当前工程中添加 Verilog HDL 文件，在文本编辑区输入"四位二进制加减计数器"源代码，并以"counter_2.v"为文件名保存到工程文件夹根目录下。

（3）执行"Processing"→"Start Compilation"命令或单击 ▶ 图标开始编译。如果编译报错，可根据错误提示重新检查并修改程序，直到编译成功。

二、仿真测试模块功能

（1）新建工程。启动 ModelSim 仿真软件，执行"File"→"New"→"Project"命令，

新建工程并命名为"counter_2_test"，路径选择被测试模块"counter_2"所在工程目录。

（2）创建测试文件。在"Project"窗口中双击"counter_2_test.v"文件，在文本编辑区输入"counter_2"模块测试代码，执行"File"→"Save"命令保存文件。"四位二进制加减计数器"模块测试代码如下：

```
`timescale 1ns/1ns
 module counter2 test;
     reg     clk,rst,sel;
     wire    [3:0]   out4;
     counter 2  counter 2 inst
(
         .clk(clk),
         .rst(rst),
         .sel(sel),
         .out4(out4)
);
initial
     begin
         clk=0;
         while(1)
             #10 clk=~clk;
     end
initial
     begin
         rst=1;
         while(1)
             #10 rst=0;
     end
initial
     begin
         sel=1;
         #1000 sel=0;
     end
endmodule
```

（3）添加被测模块文件，单击"Project"，打开"Project"子窗口，在空白区域右击，弹出"添加文件"快捷菜单，选择"Add to Project"→"Existing File"选项，在弹出"添加文件"对话框中，单击"Browse"按钮，选定被测模块"counter_2.v"文件，单击"OK"按钮，添加到工程"counter_2_test"中。

（4）编译工程。单击"Library"，打开"Library"子窗口，右击"counter_2_test.v"，在弹出的快捷菜单中选择"Recompile"选项，完成编译。

（5）进行仿真。右击"Library"子窗口中"work"下的"counter_2_test"，在弹出的快捷菜单中选择"Simulate"选项进行仿真（详细步骤参考项目1）。

（6）生成波形图。在"Wave"窗口中设置合适仿真时间长度，单击▣图标虚拟仿真，即可得到如图1.61所示的"二进制加减计数器仿真波形图"。

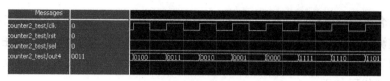

图 1.61　二进制加减计数器仿真波形图

 拓展练习

练习编写 8 位二进制加减计数器。

项目 10　十进制加减计数器设计

项目要求

一、项目任务

◆ 用 Verilog HDL 设计一个有加减和异步复位功能的十进制计数器。
◆ 用 ModelSim 软件对十进制加减计数器电路进行调试并仿真。

二、实训设备

◆ 装有 Windows 操作系统和 Quartus II 软件的计算机一台。

三、学习目标

◆ 掌握 Verilog HDL 顺序块语句的语法和特征。
◆ 理解十进制计数器原理。
◆ 会用 Verilog HDL 设计十进制可逆计数器电路。
◆ 掌握同步复位和异步复位计数器或寄存器电路的设计方法。

项目相关知识

一、Testbench

首先，任何设计都是会有输入/输出的。但是在软环境中没有激励输入，也不会对设计的输出正确性进行评估。编写 Testbench 的主要目的是为了对使用硬件描述语言（HDL）设计的电路进行仿真验证，测试设计电路的功能、部分性能是否与预期的目标相符。

一个最基本的 Testbench 包含三个部分，信号定义、模块接口和功能代码，编写 Testbench 首先对被测试设计的顶层接口进行例化，然后给被测试设计的输入接口添加激励，最后判断被测试设计的输出相应是否满足设计要求。

模块一的每个项目都提供了"Testbench"，也就是测试代码，自己编写 Testbench 涉及 "实例化"、"系统任务函数" 和激励信号的描述等知识和技能，请读者自己查阅相关资料学习。

二、顺序块语句

顺序块的特点：块内的语句是按顺序执行的，即只有上面一条语句执行完后下面的语句才能执行。每条语句的延迟时间是相对于前一条语句的仿真时间而言的。直到最后一条语句执行完，程序流程控制才跳出该语句块。

顺序块的格式如下：

```
begin
    语句1；
    语句2；
    ……
    语句n；
end
```

或

```
begin:块名
    块内声明语句
    语句1；
    语句2；
    ……
    语句n；
end
```

其中：

块名即该块的名字，一个标识名。

块内声明语句可以是参数声明语句、reg 型变量声明语句、integer 型变量声明语句、real 型变量声明语句。

下面举例说明：

```
begin
    areg = breg;
    creg = areg;    //creg的值为breg的值
end
```

从该例可以看出，第一条赋值语句先执行，areg 的值更新为 breg 的值，然后程序流程控制转到第二条赋值语句，creg 的值更新为 areg 的值。因为这两条赋值语句之间没有任何延迟时间，creg 的值实为 breg 的值。当然可以在顺序块里延迟控制时间来分开两个赋值语句的执行时间，例如：

```
begin
    areg = breg;
    #10 creg = areg;
        //在两条赋值语句间延迟10个时间单位。
end
```

下面举例说明：

```
parameter   d=50;   //声明d是一个参数
reg [7:0]   r;        //声明r是一个8位的寄存器变量
begin             //由一系列延迟产生的波形
    #d  r = 'h35;
    #d  r = 'hE2;
    #d  r = 'h00;
    #d  r = 'hF7;
    #d  -> end_wave;  //触发事件end_wave
end
```

这个例子中用顺序块和延迟控制组合来产生一个时序波形。

三、十进制计数器原理

1. 电路组成

图 1.62 所示的电路是用 T 触发器组成的同步十进制加法计数器电路，它是在上个实验中 T 触发构成的计数器电路的基础上略加修改而成的。

由图 1.62 知，如果从 0000 开始计数，则直到输入第 9 个脉冲为止，它的工作过程与 T 触发构成的计数器相同。计入第 9 个后电路进入 1001 状态，这时 Q3 的低电平使门 G1 的输出为 0，而 Q0 和 Q3 的高电平使门 G3 的输出为 1，所以 4 个触发器的输入控制端分别为 T0=1、T1=0、T2=0、T3=1。因此，当第 10 个计数脉冲输入后，中间两个触发器维持 0 不变，两边的触发器从 1 翻转到 0，故电路返回 0000 状态。

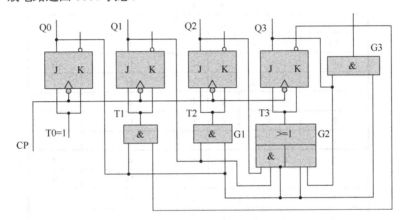

图 1.62　同步十进制计数器电路图

2. 驱动方程

根据电路图可写出电路的驱动方程为：

$$\begin{cases} T0=1 \\ T1=Q0\overline{Q3} \\ T2=Q0Q1 \\ T2 = Q0Q1Q2+Q0Q3 \end{cases}$$

3. 状态方程

将上式带入 T 触发器的特性方程即得到电路的状态方程：

$$\begin{cases} Q0^{n+1}=\overline{Q0} \\ Q1^{n+1}=Q0\overline{Q1Q3}+\overline{Q0\overline{Q3}}Q1 \\ Q2^{n+1}=Q0Q1\overline{Q2}+\overline{Q0Q1}Q2 \\ Q3^{n+1} = (Q0Q1Q2+Q0Q3)\overline{Q3}+\overline{(Q0Q1Q2+Q0Q3)}Q3 \end{cases}$$

4. 状态转换表

根据上式还可以进一步得到电路状态转换表，如表 1.19 所示。

表 1.19　十进制计数器状态转换表

计数顺序	电路状态				等效十进制数	输出 C
	Q3	Q2	Q1	Q0		
0	0	0	0	0	0	0
1	0	0	0	1	1	0
2	0	0	1	0	2	0
3	0	0	1	1	3	0
4	0	1	0	0	4	0
5	0	1	0	1	5	0
6	0	1	1	0	6	0
7	0	1	1	1	7	0
8	1	0	0	0	8	0
9	1	0	0	1	9	1
10	0	0	0	0	0	0
0	1	0	1	0	10	0
1	1	0	1	1	11	1
2	0	1	1	0	6	0
0	1	1	0	0	12	0
1	1	1	0	1	13	1
2	0	1	0	0	4	0
0	1	1	1	0	14	0
1	1	1	1	1	15	1
2	0	0	1	0	2	0

　　根据上述方程和图表，很容易理解同步十进制计数器的工作原理，同样，可逆计数器的原理也采用同样的方法分析，这里不再赘述。

四、模块符号

　　图 1.63 所示为十进制可逆计数器模块符号。

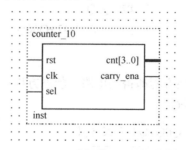

图 1.63　可逆十进制计数器模块符号

五、源码

```
module counter 10(rst,clk,sel,cnt,carry ena);
    input       clk;
```

```
        input          rst;
        input          sel;
        output   [3:0] cnt;
        output         carry ena;

        reg      [3:0] cnt;
        reg            carry ena;

        always@(posedge clk or posedge rst)
        begin
            if(rst)
                cnt <= 4'b0;                    //计数器清0
        else
            case(sel)
            1:                                  //sel=1，加计数
                begin
                    if(cnt==4'd10)
                    cnt <= 4'b0;
                    else
                    cnt <= cnt + 1'b1;
                end
            0:                                  //sel=0，减计数
                begin
                    if(cnt==4'b0)
                        cnt <= 4'd10;
                    else
                        cnt <= cnt - 1'b1;
                end
            endcase
        end

    always@(posedge clk or posedge rst)
      begin
        if(rst)
            carry ena <= 1'b0;
        else
            case(sel)
                1:
                begin
                    if(cnt==4'd10)
                    carry_ena <= 1'b1;          //进位
                    else
                    carry ena <= 1'b0;
                end
            0:
                begin
```

```
                    if(cnt==4'b0)
                    carry_ena <= 1'b1;          //借位
                    else
                    carry ena <= 1'b0;
               end
               endcase
         end
    endmodule
```

此程序可实现一个可逆计数器的功能。当 sel 为 1 时，可实现加法计数器功能；当 sel 为 0 时，可实现减法计数器功能，carry_ena 为向高位的进位或借位。

 项目实施

一、编辑调试模块代码

（1）启动 Quartus II 开发环境，执行 "File" → "New Project Wizard" 命令，新建工程，指定工程目录名为 "..\counter_10"，工程名为 "counter_10"，顶层实体名为 "counter_10"。

（2）执行 "File" → "New" 命令，向当前工程中添加 Verilog HDL 文件，在文本编辑区输入 "十进制加减计数器" 源代码，并以 "counter_10.v" 为文件名保存到工程文件夹根目录下。

（3）执行 "Processing" → "Start Compilation" 命令或单击 ▶ 图标开始编译。如果编译报错，可根据错误提示重新检查并修改程序，直到编译成功。

二、仿真测试模块功能

（1）新建工程。启动 ModelSim 仿真软件，执行 "File" → "New" → "Project" 命令，新建工程并命名为 "counter_10_test"，路径选择被测试模块 "counter_10" 所在工程目录。

（2）创建测试文件。在 "Project" 窗口中双击 "counter_10_test.v" 文件，在文本编辑区输入 "counter_10" 模块测试代码，执行 "File" → "Save" 命令保存文件。"counter_10" 测试代码如下：

```
`timescale 1ns/1ns
module counter10 test;
    reg            clk,rst,sel;
    wire    [3:0]  cnt;
    wire           carry ena;
counter 10  counter 10 inst
(
    .clk(clk),
    .rst(rst),
    .sel(sel),
    .cnt(cnt),
    .carry ena(carry ena)
);
```

```
initial
    begin
    clk=0;
    while(1)
        #10 clk=~clk;
    end

initial
        begin
    rst=1;
    while(1)
        #10 rst=0;
        end

initial
    begin
        sel=1;
        #1000 sel=0;
    end
endmodule
```

（3）添加被测模块文件。单击"Project"，打开"Project"子窗口，在空白区域右击，弹出"添加文件"快捷菜单，选择"Add to Project"→"Existing File"选项，在弹出"添加文件"对话框中，单击"Browse"按钮，选定被测模块"counter_10.v"文件，单击"OK"按钮，添加到工程"counter_10_test"中。

（4）编译工程。单击"Library"，打开"Library"子窗口，右击"counter_10_test.v"，在弹出的快捷菜单中选择"Recompile"选项，完成编译。

（5）进行仿真。右击"Library"子窗口中"work"下的"counter_10_test"，在弹出的快捷菜单中选择"Simulate"选项进行仿真（详细步骤参考项目1）。

（6）生成波形图。在"Wave"窗口中设置合适仿真时间长度，单击 图标虚拟仿真，即可得到如图1.64所示的"十进制加减计数器仿真波形图"。

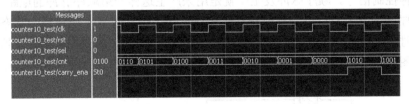

图1.64 十进制加减计数器仿真波形图

 拓展练习

练习编写6位十进制加减计数器。

项目 11   顺序脉冲发生器设计

项目要求

一、项目任务

◆ 用 Verilog HDL 设计一个顺序脉冲发生器。
◆ 用 ModelSim 软件对顺序脉冲发生器电路进行调试并仿真。

二、实训设备

◆ 带有 Windows 操作系统和 Quartus II 软件的计算机一台。

三、学习目标

◆ 理解顺序脉冲发生器原理。
◆ 掌握顺序脉冲发生器 Verilog HDL 编程技巧。

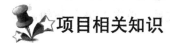项目相关知识

一、顺序脉冲发生器原理

1．电路图

（1）在一些数字系统中，有时需要系统按照事先规定的顺序进行一系列的操作。这就要求系统的控制部分能给出一组在时间上有一定先后顺序的脉冲信号，再用这组脉冲信号形成所需要的各种控制信号。顺序脉冲发生器就是用来产生这样一组顺序脉冲的电路。

（2）顺序脉冲发生器可以用移位寄存器构成。当环形计数器工作在每个状态只有一个 1 的循环状态时，它就是一个顺序脉冲发生器。如图 1.65 所示，就是用环形计数器做顺序脉冲发生器电路图，当 CP 端输入连续脉冲时，Q0～Q3 端依次输出正脉冲，并不断循环。

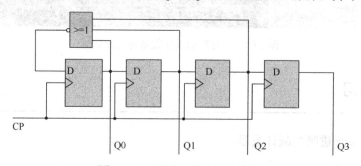

图 1.65   顺序脉冲发生器电路图

2. 电压波形图

上述电路输出与输入的关系，如图 1.66 所示。

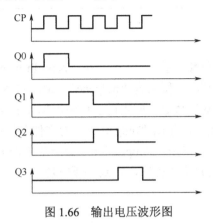

图 1.66　输出电压波形图

　　这种方案的优点是不必附加译码电路，结构简单；缺点是使用的触发器数目比较多，同时还必须采用能自启动的反馈逻辑电路。在顺序脉冲数较多时，可以用计数器和译码器组合成顺序脉冲发生器，电路较复杂，这里不再讲述。

二、模块符号

图 1.67 所示为顺序脉冲发生器模块符号。

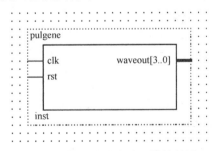

图 1.67　顺序脉冲发生器模块符号

三、源码

```
module pulgene(clk,rst,waveout);
    input           clk,rst;
    output  [3:0]   waveout;
    reg     [3:0]       waveout;
    always@(posedge clk or posedge rst)
    begin
        if(rst)
        waveout<=4'b0001;
    else
        waveout<={waveout[2:0],waveout[3]};
    end
endmodule
```

 项目实施

一、编辑调试模块代码

（1）打开 Quartus II 开发环境，执行"File"→"New Project Wizard"命令，新建工程，指定工程目录名为"..\pulgene"，工程名为"pulgene"，顶层实体名为"pulgene"。

（2）执行"File"→"New"命令，向当前工程中添加 Verilog HDL 文件，在文本编辑区输入"顺序脉冲发生器"源代码，并以"pulgene.v"为文件名保存到工程文件夹根目录下。

（3）执行"Processing"→"Start Compilation"命令或单击 ► 图标开始编译。如果编译报错，可根据错误提示重新检查并修改程序，直到编译成功。

二、仿真测试模块功能

（1）新建工程。启动 ModelSim 仿真软件，执行"File"→"New"→"Project"命令，新建工程并命名为"pulgene_test"，路径选择被测试模块"pulgene"所在工程目录。

（2）创建测试文件。在"Project"窗口中双击"pulgene_test.v"文件，在文本编辑区输入"pulgene"模块测试代码，执行"File"→"Save"命令保存文件。"顺序脉冲发生器"模块测试代码如下：

```verilog
`timescale 1ns/1ns
module pulgene test;
    reg            clk,rst;
    wire   [3:0]   waveout;
    pulgene  pulgene inst
(
    .clk(clk),
    .rst(rst),
    .waveout(waveout)
);
initial
    begin
        clk=0;
        while(1)
            #10 clk=~clk;
    end

initial
    begin
        rst=1;
        while(1)
            #10 rst=0;
    end
endmodule
```

（3）添加被测模块文件。单击"Project"，打开"Project"子窗口，在空白区域右击，弹

出"添加文件"快捷菜单，选择"Add to Project"→"Existing File"选项，在弹出"添加文件"对话框中，单击"Browse"按钮，选定被测模块"pulgene.v"文件，单击"OK"按钮，添加到工程"pulgene_test"中。

（4）编译工程。单击"Library"，打开"Library"子窗口，右击"pulgene_test.v"，在弹出的快捷菜单中选择"Recompile"选项，完成编译。

（5）进行仿真。右击"Library"子窗口中"work"下的"pulgene_test"，在弹出的快捷菜单中选择"Simulate"选项进行仿真（详细步骤参考项目1）。

（6）生成波形图。在"Wave"窗口中设置合适仿真时间长度，单击▣图标虚拟仿真，即可得到如图1.68所示的"顺序脉冲发生器仿真波形图"。

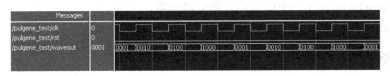

图1.68　顺序脉冲发生器仿真波形图

拓展练习

练习编写8位顺序脉冲发生器。

项目 12   序列信号发生器设计

 项目要求

一、项目任务

◆ 用 Verilog HDL 设计一个信号序列发生器电路。
◆ 用 ModelSim 软件对序列信号发生器电路进行调试并仿真。

二、实训设备

◆ 装有 Windows 操作系统和 Quartus II 软件的计算机一台。

三、学习目标

◆ 理解序列信号发生器原理。
◆ 掌握序列信号发生器 Verilog 编程技巧。

 项目相关知识

一、序列信号发生器原理

1. 电路图

在数字信号的传输和数字系统的测试中，有时需要用到一组特定的串行数字信号。通常把这串数字信号称为序列信号。产生序列信号的电路称为序列信号发生器。

序列信号发生器的构成方法有多种。一种比较简单、直观的方法是用计数器和数据选择器组成的。例如，需要产生一个 8 位的序列信号 00010111（时间顺序为自左而右），则可用一个八进制计数器和一个八选一数据选择器组成，如图 1.69 所示。其中八进制取自 74LS161（4位二进制计数器）的低三位。74LS152 是八选一数据选择器。

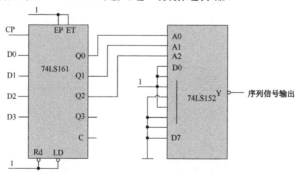

图 1.69   用计数器和数据选择器组成的序列信号发生器

2. 状态转换表

表 1.20 所示为上面电路的状态转换表。

表 1.20　状态转换表

| CP 顺序 | Q2 | Q1 | Q0 | Y |
	A2	A1	A0	
0	0	0	0	D0(0)
1	0	0	1	D1(0)
2	0	1	0	D2(0)
3	0	1	1	D3(1)
4	1	0	0	D4(0)
5	1	0	1	D5(1)
6	1	1	0	D6(1)
7	1	1	1	D7(1)
8	0	0	0	D0(0)

当 CP 信号连续加到计数器上时，$Q2Q1Q0$ 的状态（也就是加到 74LS152 上的地址输入代码 $A2A1A0$）便按表 1.20 所示的顺序不断循环，$D0{\sim}D7$ 的状态就循环不断地依次出现在 Y 输出端。只要令 $D0=D1=D2=D4=1$、$D3=D5=D6=D7=0$，便可在 Y 端得到不断循环的序列信号 00010111。

二、模块符号

图 1.70 所示为序列信号发生器的模块符号。

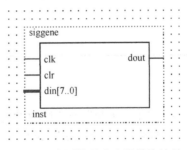

图 1.70　序列信号发生器模块符号

三、源码

```
module siggene(clk,clr,din,dout);
    input        clk,clr;
    input  [7:0] din;
    output       dout;
    reg          dout;
    reg    [2:0] cnt;
    always@(posedge clk or posedge clr)
    begin
        if(clr)
```

```
            cnt<=0;
        else
            if(cnt==3'b111)
                cnt<=0;
        else
                cnt<=cnt+1;
    end

    always@(posedge clk or posedge clr)
    begin
        if(clr)
            dout<=0;
      else
        case(cnt)
                3'b000:dout=din[0];
                3'b001:dout=din[1];
                3'b010:dout=din[2];
                3'b011:dout=din[3];
                3'b100:dout=din[4];
                3'b101:dout=din[5];
                3'b110:dout=din[6];
                3'b111:dout=din[7];
            endcase
        end
    endmodule
```

 项目实施

一、编辑调试模块代码

（1）启动 Quartus II 开发环境，执行"File"→"New Project Wizard"命令，新建工程，指定工程目录名为"..\siggene"，工程名为"siggene"，顶层实体名为"siggene"。

（2）执行"File"→"New"命令，向当前工程中添加 Verilog HDL 文件，在文本编辑区输入"序列信号发生器"源代码，并以"siggene.v"为文件名保存到工程文件夹根目录下。

（3）执行"Processing"→"Start Compilation"命令或单击 ▶ 图标开始编译。如果编译报错，可根据错误提示重新检查并修改程序，直到编译成功。

二、仿真测试模块功能

（1）新建工程。启动 ModelSim 仿真软件，执行"File"→"New"→"Project"命令，新建工程并命名为"siggene_test"，路径选择被测试模块"siggene"所在工程目录。

（2）创建测试文件。在"Project"窗口中双击"siggene_test.v"文件，在文本编辑区输入"siggene"模块测试代码，执行"File"→"Save"命令保存文件。"序列信号发生器"模块测

试代码如下：

```verilog
`timescale 1ns/1ns
module siggene test;
    reg           clk,clr;
    reg    [7:0]  din;
    wire   dout;

        siggene siggene inst
        (
            .clk(clk),
            .clr(clr),
            .din(din),
            .dout(dout)
        );
        initial
        begin
            clk=0;
            while(1)
                #10 clk=~clk;
        end

        initial
        begin
            clr=1;
            while(1)
                #10 clr=0;
        end

        initial
        begin
            din=8'b10110011;
        end
    endmodule
```

（3）添加被测模块文件。单击"Project"，打开"Project"子窗口，在空白区域右击，弹出"添加文件"快捷菜单，选择"Add to Project"→"Existing File"选项，在弹出"添加文件"对话框中，单击"Browse"按钮，选定被测模块"*siggene.v"文件，单击"OK"按钮，添加到工程"siggene_test"中。

（4）编译工程。单击"Library"，打开"Library"子窗口，右击"siggene_test.v"，在弹出的快捷菜单中选择"Recompile"选项，完成编译。

（5）进行仿真。右击"Library"子窗口中"work"下的"siggene_test"，在弹出的快捷菜单中选择"Simulate"选项进行仿真（详细步骤参考项目 1）。

（6）生成波形图。在"Wave"窗口中设置合适仿真时间长度，单击 🕮 图标虚拟仿真，即可得到如图 1.71 所示的"序列信号发生器仿真波形图"。

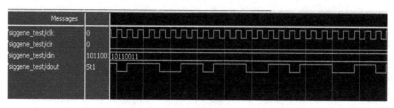

图 1.71 序列信号发生器仿真波形图

 拓展练习

练习编写通过预置序列 100101 实现 100101101001 序列输出的代码。

项目 13　串行数据检测器设计

项目要求

一、项目任务

◆ 用 Verilog HDL 设计一个"10010"序列的数据检测器。
◆ 用 ModelSim 软件对串行数据检测器电路进行调试并仿真。

二、实训设备

◆ 装有 Windows 操作系统和 Quartus II 软件的计算机一台。

三、学习目标

◆ 理解串行数据检测器原理。
◆ 初步掌握用 Verilog HDL 描述有限状态机电路。

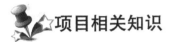

项目相关知识

一、串行数据检测器原理

1. 串行数据检测器简介

串行数据检测器是指将一个指定的序列从数字码流中识别出来。本例中，将设计一个"10010"序列的检测器。设 x 为数字码流输入，z 为检出标记输出，高电平表示"发现指定序列"，低电平表示"没发现指定序列"。考虑码流为"110010010000100101……"则有表 1.21。

表 1.21　时钟与码流

时钟	1	2	3	4	5	6	7	8	9	10	11	12	13	14	15	16	17	18	19	
x	1	1	0	0	1	0	0	1	0	0	0	0	1	0	0	1	0	1	....
z	0	0	0	0	0	1	0	0	1	0	0	0	0	0	0	0	1	0	....

在时钟 2~6，码流 x 中出现指定序列"10010"，对应输出 z 在第 6 个时钟变为高电平"1"，表示"发现指定序列"。同样在 13~17 码流，又发现指定序列。

注意：在时钟 5~9 还有一次检出，但它是与第一次检出的序列重叠的，即前者的前两位也是后者的后两位。

2. 状态转换图

根据以上逻辑功能描述，可以分析得到如图 1.72 所示的状态转换图。

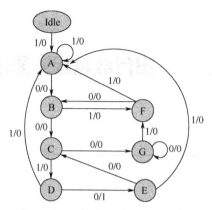

图 1.72　串行数据检测器状态转换图

其中，状态 A～E 表示 5 比特序列"10010"按顺序正确地出现在码流中。考虑到序列重叠的可能，转换图中还有状态 F、G。另外，电路的初始状态设为 Idle。

二、模块符号

图 1.73 所示为串行数据检测器模块符号。

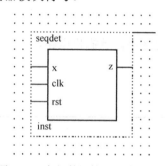

图 1.73　串行数据检测器模块符号

三、源码

```
module seqdet(x,z,clk,rst);
    input          x,clk,rst;
    output         z;
    reg    [2:0]   state;
    wire           z;
    parameter      IDLE=3'd0,
                   A=3'd1,
                   B=3'd2,
                   C=3'd3,
                   D=3'd4,
                   E=3'd5,
                   F=3'd6,
                   G=3'd7;

    assign z=(state==D&&x==0)?1:0;     //状态为D时又收到0，表明10010收到，z为高电平
```

```
    always@(posedge clk or posedge rst)
     if(rst)
        begin
            state<=IDLE;
        end
     else
        casex(state)
            IDLE:if(x==1)
                state<=A;              //记住1来过
                else state<=IDLE;      //不符合要求，状态保持不变
            A: if(x==0)
                state<=B;              //记住第二位正确电平0来过
                else state<=A;         //不符合要求，保持
            B:if(x==0)
                state<=C;              //记住第三位正确电平0来过
                else state<=F;         //不符合要求，记住只有一位对过
            C:if(x==1)
                state<=D;              //记住第四位正确电平来过
                else state<=G;         //不符合要求，记住没有一位曾经对过
            D:if(x==0)
                state<=E;       //记住第五位正确电平来过
                else state<=A;//不符合要求，记住只一位对过，回到状态A
            E:if(x==0)
                state<=C;       //记住100曾经来过，此状态为C
                else state<=A;//输入的是高电平，只有一位正确，该状态是A
            F:if(x==1)
                state<=A;       //输入的是高电平，只有一位正确，该状态是A
                else state<=B;//输入的是低电平，已有两位正确，该状态是B
            G:if(x==1)
                state<=F;       //输入的又是高电平，只有一位正确，该状态是F
                else state<=B;//输入的是低电平，已有两位正确，该状态是B
    default: state<=IDLE;
        endcase
    endmodule
```

 项目实施

一、编辑调试模块代码

（1）启动 Quartus II 开发环境，执行"File"→"New Project Wizard"命令，新建工程，指定工程目录名为"..\seqdet"，工程名为"seqdet"，顶层实体名为"seqdet"。

（2）执行"File"→"New"命令，向当前工程中添加 Verilog HDL 文件，在文本编辑区输入"串行数据检测器"源代码，并以"seqdet.v"为文件名保存到工程文件夹根目录下。

（3）执行"Processing"→"Start Compilation"命令或单击 ▶ 图标开始编译。如果编译报

错，可根据错误提示重新检查并修改程序，直到编译成功。

二、仿真测试模块功能

（1）新建工程。启动 ModelSim 仿真软件，执行"File"→"New"→"Project"命令，新建工程并命名为"seqdet_test"，路径选择被测试模块"seqdet"所在工程目录。

（2）创建测试文件。在"Project"窗口中双击"seqdet_test.v"文件，在文本编辑区输入"seqdet"模块测试代码，执行"File"→"Save"命令保存文件。"串行数据检测器"模块测试代码如下：

```verilog
`timescale 1ns/1ns
module seqdet test;
    reg         clk,rst,x;
    wire        z;
    seqdet seqdet inst
(
        .clk(clk),
        .rst(rst),
        .x(x),
        .z(z)
);
initial
    begin
        clk=0;
        while(1)
            #10 clk=~clk;
    end
initial
begin
    rst=1;
    while(1)
        #10 rst=0;
 end
initial
    begin
        while(1)
            begin
                #20 x=1;
                #20 x=0;
                #20 x=0;
                #20 x=1;
                #20 x=0;
                #20 x=0;
                #20 x=1;
                #20 x=0;
            end
    end
```

```
endmodule
```

（3）添加被测模块文件。单击"Project"，打开"Project"子窗口，在空白区域右击，弹出"添加文件"快捷菜单，选择"Add to Project"→"Existing File"选项，在弹出"添加文件"对话框中，单击"Browse"按钮，选定被测模块"seqdet.v"文件，单击"OK"按钮，添加到工程"seqdet_test"中。

（4）编译工程。单击"Library"，打开"Library"子窗口，右击"seqdet_test.v"，在弹出的快捷菜单中选择"Recompile"选项，完成编译。

（5）进行仿真。右击"Library"子窗口中"work"下的"seqdet_test"，在弹出的快捷菜单中选择"Simulate"选项进行仿真（详细步骤参考项目1）。

（6）生成波形图。在"Wave"窗口中设置合适仿真时间长度，单击 图标虚拟仿真，即可得到如图1.74所示的"串行数据检测器仿真波形图"。

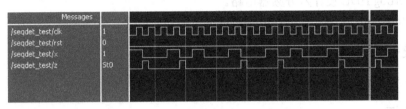

图1.74 串行数据检测器仿真波形图

拓展练习

练习编写检测100101序列的串行数据检测器代码。

项目 14　分频器设计

项目要求

一、项目任务

◆ 用 Verilog HDL 设计六分频器电路。

◆ 用 ModelSim 软件对分频器电路进行调试并仿真。

二、实训设备

◆ 带有 Windows 操作系统和 Quartus II 软件的计算机一台。

三、学习目标

◆ 理解分频器原理。

◆ 掌握用 Verilog HDL 描述分频器电路的技巧。

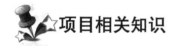

项目相关知识

一、分频器原理

　　分频器是 FPGA 设计中使用频率非常高的基本单元之一。尽管目前在大部分设计中还广泛使用集成锁相环（如 Altera 的 PLL、Xilinx 的 DLL）来进行时钟的分频、倍频以及相移设计，但是，对于时钟要求不太严格的设计，通过自主设计进行时钟分频的实现方法仍然非常流行。首先这种方法可以节省锁相环资源，并且只消耗不多的逻辑单元就可以达到对时钟操作的目的。

二、整数分频器的设计

1. 偶数倍分频

　　偶数分频器的实现非常简单，通过计数器计数就完全可以实现。如进行 N 倍偶数分频，就可以通过由待分频的时钟触发计数器计数，当计数器从 0 计数到 N/2-1 时，输出时钟进行翻转，并给计数器一个复位信号，以使下一个时钟从零开始计数。以此循环，就可以实现任意的偶数分频。

2. 奇数倍分频

　　以设计三分频器为例，以三个待分频时钟脉冲为一周期，然后在这一周期内进行两次翻转即可。例如，可以在计数器计数到 1 时，输出时钟进行翻转，计数到 2 时再次进行翻转。如此便实现了三分频，其占空比为 1/3 或 2/3。

如果要实现占空比为 50% 的三分频时钟，可先采用两路分频。一路通过待分频时钟下降沿触发计数，通过上述方法，实现占空比为 1/3 或 2/3 的三分频；另一路通过待分频时钟上升沿同样的方法计数进行三分频。然后对两路输出进行相或运算。

三、模块符号

图 1.75 所示为六分频器模块符号。

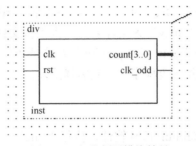

图 1.75　六分频器模块符号

四、源码

```verilog
module div(clk,rst,count,clk odd);
    input           clk,rst;
    output          clk odd;
    output  [3:0]   count;

    reg             clk odd;
    reg     [3:0]   count;
    parameter       N = 6;

    always @ (posedge clk)
        if(! rst)
            begin
                count <= 1'b0;
                clk odd <= 1'b0;
            end
        else
            if ( count < N/2-1)
                begin
                count <= count + 1'b1;
            end
        else
            begin
                count <= 1'b0;
                clk odd <= ~clk odd;
            end
```

```
    endmodule
```

 项目实施

一、编辑调试模块代码

（1）启动 Quartus II 开发环境，执行"File"→"New Project Wizard"命令，新建工程，指定工程目录名为".\div"，工程名为"div"，顶层实体名为"div"。

（2）执行"File"→"New"命令，向当前工程中添加 Verilog HDL 文件，在文本编辑区输入"分频器"源代码，并以"div.v"为文件名保存到工程文件夹根目录下。

（3）执行"Processing"→"Start Compilation"命令或单击▶图标开始编译。如果编译报错，可根据错误提示重新检查并修改程序，直到编译成功。

二、仿真测试模块功能

（1）新建工程。启动 ModelSim 仿真软件，执行"File"→"New"→"Project"命令，新建工程并命名为"div_test"，路径选择被测试模块"div"所在工程目录。

（2）创建测试文件。在"Project"窗口中双击"div_test.v"文件，在文本编辑区输入"div"模块测试代码，执行"File"→"Save"命令保存文件。"分频器"模块测试代码如下：

```verilog
`timescale 1ns/1ns
module div test;
    reg            clk,rst;
    wire           clk odd;
    wire   [3:0]   count;
    div div inst
(
    .clk(clk),
    .rst(rst),
    .clk odd(clk odd),
    .count(count)
);
initial
    begin
        clk=0;
        while(1)
        #10 clk=~clk;
    end
initial
    begin
    rst=0;
        while(1)
            #10 rst=1;
    end
endmodule
```

（3）添加被测模块文件。单击"Project"，打开"Project"子窗口，在空白区域右击，弹出"添加文件"快捷菜单，选择"Add to Project"→"Existing File"选项，在弹出"添加文件"对话框中，单击"Browse"按钮，选定被测模块"div.v"文件，单击"OK"按钮，添加到工程"div_test"中。

（4）编译工程。单击"Library"，打开"Library"子窗口，右击"div_test.v"，在弹出的快捷菜单中选择"Recompile"选项，完成编译。

（5）进行仿真。右击"Library"子窗口中"work"下的"div_test"，在弹出的快捷菜单中选择"Simulate"选项进行仿真（详细步骤参考项目1）。

（6）生成波形图。在"Wave"窗口中设置合适仿真时间长度，单击▣图标虚拟仿真，即可得到如图1.76所示的"分频器仿真波形图"。

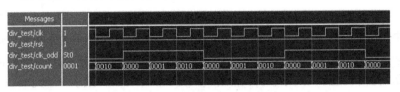

图1.76　分频器仿真波形图

拓展练习

练习编写20分频器。

FPGA 技术应用项目

本模块选取 11 个基于 SP-FGCE11 AFPGA 实训平台的项目为载体，通过这些项目的训练，使学生能够了解可编程逻辑器件产品概况，学会用硬件描述语言驱动常见硬件资源，如 LED、矩阵键盘、动态数码管、点阵、液晶、蜂鸣器和数字 IC 等。

项目 1　跑马灯设计

 **项目要求**

一、项目任务

◆ 用 Verilog HDL 设计一个跑马灯控制电路。

◆ 分配 I/O 引脚，编程下载并观察跑马灯显示效果。

二、实训设备

◆ 带有 Quartus II 软件的计算机一台。

◆ SP-FGCE11A FPGA 实训平台以及电源线，下载线。

三、学习目标

◆ 了解可编程逻辑器件的发展历史，分类，特点和发展前景。

◆ 了解 SP-FGCE11A FPGA 实训平台的资源配置。

◆ 掌握整个 FPGA 开发流程。

◆ 掌握控制跑马灯速度的方法。

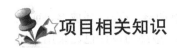

项目相关知识

一、可编程逻辑器件

可编程逻辑器件（Programmable Logic Device，PLD）是作为一种通用集成电路产生的，它的逻辑功能按照用户对器件编程来确定。一般的 PLD 的集成度很高，足以满足设计一般的数字系统的需要。

这样就可以由设计人员自行编程而把一个数字系统"集成"在一片 PLD 上，而不必去请芯片制造厂商设计和制作专用的集成电路芯片了。

PLD 与一般数字芯片不同的是：PLD 内部的数字电路可以在出厂后才规划决定，有些类型的 PLD 也允许在规划决定后再次进行变更、改变，而一般数字芯片在出厂前就已经决定其内部电路，无法在出厂后再次改变，事实上一般的模拟芯片、混讯芯片也都一样，都是在出厂后就无法再对其内部电路进行调修。

1. 发展历史

20 世纪 70 年代，出现只读存储器 PROM（Programmable Read only Memory）、可编程逻辑阵列器件 PLA（Programmable Logic Array）

20 世纪 70 年代末，AMD 推出了可编程阵列逻辑 PAL（Programmable Array Logic）。

20 世纪 80 年代，Lattice 公司推出了通用阵列逻辑 GAL（Generic Array Logic）。

20 世纪 80 年代中期：Xilinx 公司推出了现场可编程门阵列 FPGA（Field Programmable Gate Array）。Altera 公司推出了可擦除的可编程逻辑器件 EPLD（Erase Programmable Logic Device），集成度高，设计灵活，可多次反复编程。

20 世纪 90 年代初，Lattice 公司又推出了在系统可编程概念 ISP 及其在系统可编程大规模集成器件（ispLSI）

现以 Xilinx、Altera、Lattice 为主要厂商，生产的 FPGA 单片可达上千万门、速度可实现550MHz，采用 65nm 甚至更高的光刻技术。

2. 分类

逻辑器件可分为两大类 ：固定逻辑器件和可编程逻辑器件。固定逻辑器件中的电路是永久性的，它们完成一种或一组功能，一旦制造完成，就无法改变。可编程逻辑器件（PLD）是能够为客户提供范围广泛的多种逻辑能力、特性、速度和电压特性的标准成品部件，而且此类器件可在任何时间改变，从而完成许多种不同的功能。

对于固定逻辑器件，根据器件复杂性的不同，从设计、原型到最终生产所需要的时间可从数月至一年多不等。而且，如果器件工作不合适，或者应用要求发生了变化，那么就必须开发全新的设计。设计和验证固定逻辑的前期工作需要大量的"非重发性工程成本"，或 NRE。NRE 表示在固定逻辑器件最终从芯片制造厂制造出来以前客户需要投入的所有成本，这些成本包括工程资源、昂贵的软件设计工具、用来制造芯片不同金属层的昂贵光刻掩模组，以及初始原型器件的生产成本。这些 NRE 成本可能从数十万美元至数百万美元。

对于可编程逻辑器件，设计人员可利用价格低廉的软件工具快速开发、仿真和测试其设计。然后，可快速将设计编程到器件中，并立即在实际运行的电路中对设计进行测试。原型中使用的 PLD 器件与正式生产最终设备（如网络路由器、ADSL 调制解调器、DVD 播放器、或汽车导航系统）时所使用的 PLD 完全相同。这样就没有了 NRE 成本，最终的设计也比采用定制固定逻辑器件时完成得更快。

采用 PLD 的另一个关键优点是在设计阶段中客户可根据需要修改电路，直到对设计工作感到满意为止。这是因为 PLD 基于可重写的存储器技术，要改变设计，只需要简单地对器件进行重新编程。一旦设计完成，客户可立即投入生产，只需要利用最终软件设计文件简单地编程所需要数量的 PLD 就可以了。

可编程逻辑器件的两种主要类型是现场可编程门阵列（FPGA）和复杂可编程逻辑器件（PLD）。在这两类可编程逻辑器件中，FPGA 提供了最高的逻辑密度、最丰富的特性和最高的性能。现在最新的 FPGA 器件，如 Xilinx Virtex 系列中的部分器件，可提供 100 万"系统门"（相对逻辑密度）。这些先进的器件还提供诸如内建的硬连线处理器（如 IBM Power PC）、大容量存储器、时钟管理系统等特性，并支持多种最新的超快速器件至器件（device-to-device）信号技术。FPGA 被应用于数据处理和存储，以及仪器仪表、电信和数字信号处理等。

与此相比，PLD 提供的逻辑资源少得多，最高约 1 万门。但是，PLD 提供了非常好的可预测性，因此对于关键的控制应用非常理想。而且如 Xilinx CoolRunner 系列 PLD 器件需要的功耗极低。

3. 特点

固定逻辑器件和 PLD 各有自己的优点。例如，固定逻辑设计经常更适合大批量应用，因为它们可更为经济地大批量生产。对有些需要极高性能的应用，固定逻辑也可能是最佳的选择。

然而，可编程逻辑器件提供了一些优于固定逻辑器件的重要优点，包括：PLD 在设计过程中为客户提供了更大的灵活性，因为对于 PLD 来说，设计反复只需要简单地改变编程文件就可以了，而且设计改变的结果可立即在工作器件中看到。

PLD 不需要漫长的前置时间来制造原型或正式产品，PLD 器件已经放在分销商的货架上并可随时付运。PLD 不需要客户支付高昂的 NRE 成本和购买昂贵的掩模组，PLD 供应商在设计其可编程器件时已经支付了这些成本，并且可通过 PLD 产品线延续多年的生命期来分摊这些成本。

PLD 允许客户在需要时仅订购所需要的数量，从而使客户可控制库存。采用固定逻辑器件的客户经常会面临需要废弃的过量库存，而当对其产品的需求高涨时，他们又可能为器件供货不足所苦恼，并且不得不面对生产延迟的现实。

PLD 甚至在设备付运到客户那儿以后还可以重新编程。事实上，由于有了可编程逻辑器件，一些设备制造商至今正在尝试为已经安装在现场的产品增加新功能或者进行升级。要实现这一点，只需要通过因特网将新的编程文件上载到 PLD 就可以在系统中创建出新的硬件逻辑。

4. PLD 是如何维持住它的电路组态、配置的

在一个 PLD 内有逻辑部分也有记忆部分，记忆部分是用来储存组态配置的程序内容，而储存的方式多是存放在可供 PLD 使用的集成电路（也称集成电路）中，这包括：Silicon antifuses（硅反熔丝）、SRAM（静态随机存取内存）、EPROM or EEPROM cells（EPROM 或 EEPROM 的记忆晶格）、Flash memory（快闪存储器，也称闪存）。

硅反熔丝主要是用于 PAL 内，方式上是在 PAL 内部可编程化的矩阵中，若期望矩阵中的某处、某一位置能够形成连线，则对该位置的行、列两端施压一个烧录烧写电压（此电压通常高于一般运作时的电压），如此该位置就会形成连接的短路、闭路（short）状态，相反的未施加电压的地方则保持开路（open）状态，由这开路、闭路来形成逻辑的 0、1 储存。不过一旦某位置被施加烧写电压而形成短路后，就无法再恢复成开路状态，但其他仍保持开路的位置，仍可施加电压使其短路，不过整体来说硅反熔丝仅适合一次性的组态配置烧录，一旦烧写的内容有错误，该颗 PAL 即宣布报废。此外，之所以称为"反熔丝"，理由是它的特性原理恰巧与一般日常所用的熔丝、保险丝（fuse）相反，保险丝平时为短路，而被施加较高电压时便会烧断，成为永久性的断路、开路，反熔丝却是平常为断开，施加电压后反成为连接的短路、闭路。

SRAM 属于挥发性的内存，这表示它在每次失去供电后就无法保存资料，若有 PLD 使用 SRAM 作为其组态配置的储存记忆（多数为 FPGA），则每一次重新供电后就必须再次将组态配置资料加载（load，用意等同于将程序烧录烧写到 PLD 内）到 PLD 的 SRAM 中，不过此一送电后重新加载的程序，通常是交由另一部分的电路以自动化方式来执行，此一"开机后自动将程序加载到 PLD 内"的电路，过去是在 PLD 外部另行设计，但现在也有整合（也称集成）到 PLD 内部的做法。

EPROM 的记忆晶格是一种 MOS（Metal Oxide Semiconductor，金属氧化半导体）型的晶体管，若对该晶体管的栅极进行充电，则该充电后的状态就会成为一个记忆留存，之后无论芯片有无供电都可以持续维持着该状态，直到数年后充电状态才会消退消失，而透过对各记忆晶格的充电有无就能够储存 0、1 的组态配置。至于记忆资料当如何抹除（也称拭除、擦除），这必须用强烈的紫外线对 EPROM 进行照射，以此强迫各栅极将原有的充电加以释放，且时间必须长达数十分钟才能全部抹除，否则会有抹除不完整的情形，此一抹除程序多是用所谓的"紫外线 EPROM 抹除盒"，英文称 EPROM eraser，即是一个小盒子内设有紫外线灯管，之后将 EPROM 放入盒内，再将盒子的电源开启并点亮紫外线灯管，让紫外线照射 EPROM，以此来进行清除，也因为紫外线对人体有害，所以才要在密闭不透光的小盒子内进行照射，此外为了方便工程师使用，抹除盒通常还设有定时装置，时间到后会自动提醒工程师已经达到当初设定的照射时间。

EPROM 为了能再抹除、再烧写，必须使用陶瓷材质的封装，且芯片上方必须设有石英材质的透光窗，以便让紫外线射入。

快闪存储器（闪存）具有非挥发性，即是断电后仍可保存记忆内容，且需要时它也随时能再清除抹除（erase）、再烧录烧写（program、reprogram），这些特性对 PLD 的记忆来说特别好用。

时至 2005 年，多数的 CPLD 都已使用电气方式烧写与电气方式抹除，并以非挥发性方式来记忆。因为经过事实验证，在太小的逻辑运用中用 SRAM 来储存逻辑组态配置，则每次重新送电启动就必须再次进行加载烧写，如此实在过于麻烦，所以才会改成以非挥发方式来进行记忆储存。此外，若是用 EPROM 方式进行储存，且为了能够再次抹除与再次烧写，则 PLD 在其芯片封装上就必须使用陶瓷材质的封装，并在 EPROM 裸晶（Die）位置的上端设立石英材质的透光窗，好让紫外线能够照射入内，如此才能抹除 EPROM 裸晶上所储存的组态配置资料，而这种封装方式远贵于一般的塑胶材质封装。

5. 发展前景

过去几年时间里，可编程逻辑供应商取得了巨大的技术进步，以致至今 PLD 被众多设计人员视为是逻辑解决方案的当然之选。能够实现这一点的重要原因之一是像 Xilinx 这样的 PLD 供应商是"无晶圆制造厂"企业，并不直接拥有芯片制造工厂，Xilinx 将芯片制造工作外包给 IBM Microelectronics 和 UMC 这样的主要业务就是制造芯片的合作伙伴。这一策略使 Xilinx 可以集中精力设计新产品结构、软件工具和 IP 核心，同时还可以利用最先进的半导体制造工艺技术。先进的工艺技术在一系列关键领域为 PLD 提供了帮助：更快的性能、集成更多功能、降低功耗和成本等。至今 Xilinx 采用先进的 0.13μm 低 K 铜金属工艺生产可编程逻辑器件，这也是业界最好的工艺之一。

例如，仅仅数年前，最大规模的 FPGA 器件也仅仅为数万系统门，工作在 40MHz。过去的 FPGA 也相对较贵，当时最先进的 FPGA 器件大约要 150 美元。然而，今天具有最先进特性的 FPGA 可提供百万门的逻辑容量、工作在 300 MHz，成本不到 10 美元，并且还提供了更高水平的集成特性，如处理器和存储器。

同样重要的是，PLD 至今有越来越多的知识产权（IP）核心库的支持，用户可利用这些预定义和预测试的软件模块在 PLD 内迅速实现系统功能。IP 核心包括从复杂数字信号处理算法和存储器控制器直到总线接口和成熟的软件微处理器在内的一切。此类 IP 核心为客户节约了大量时间和费用；否则，用户可能需要数月的时间才能实现这些功能，而且还会进一步延迟产品推向市场的时间。

二、SP-FGCE11A FPGA 实训平台

1. 实训平台电路与资源配置

SP-FGCE11A FPGA 实训平台资源配置与电路布局如图 2.1 所示。

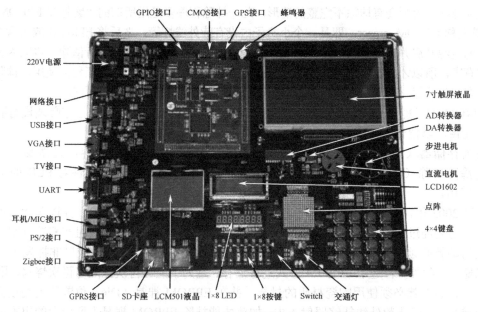

图 2.1　SP-FGCE11A FPGA 实训平台的电路布局示意图

2. 主控芯片 EP2C35F672C8

本 SP-FGCE11A FPGA 实训平台主控芯片采用 Altera 公司 Cyclone II 系列的 EP2C35F672C8。

Altera 公司 2004 年推出了这款 Cyclone II 系列 FPGA 器件。Cyclone II FPGA 的成本比第一代 Cyclone 器件低 30%，逻辑容量大了三倍多，可满足低成本大批量应用需求。

Cyclone II 器件采用 TSMC90nm 低 K 绝缘材料工艺技术，这种技术结合 Altera 低成本的设计方式，使之能够在更低的成本下制造出更大容量的器件。这种新的器件比第一代 Cyclone 产品具有两倍多的 I/O 引脚，且对可编程逻辑、存储块和其他特性进行了最优的组合，具有许多新的增强特性。

Altera 的 Nios II 系列软核处理器支持 Cyclone II FPGA 系列。Nios II 系列软核处理器占用的逻辑仅需 0.35 美元，可以设计到 Cyclone II 器件中。在 Cyclone IIFPGA 中实现 Nios II 的设计除了大幅度降低实现成本之外，还具有 100DMIP 的性能，大约比 Cyclone 器件和 Nios 处理器提升了 100%。设计者使用 Nios II 处理器，能够在任何一个 Cyclone II 器件上构建完整的可编程系统芯片（SoPC），是中低规模 ASIC 的新的替代方案。

Altera 也为 Cyclone II 器件客户提供了 40 多个可定制 IP 核，Altera 和 Altera Megafunction 伙伴计划（AMPPSM）合作者提供的不同的 IP 核是专为 Cyclone II 架构优化的，包括 Nios II 嵌入式处理器、DDR SDRAM 控制器、FFT/IFFT、PCI 编译器、FIR 编译器、NCO 编译器、POS-PHY 编译器、Reed Solomon 编译器、Viterbi 编译器等。

三、跑马灯原理

1. 跑马灯简介

模块一所涉及的实验都是在软件上仿真，从本项目开始要在 FPGA 上运行程序，把编译过的 Verilog 程序烧写进 FPGA 中，让它具有一定的功能，实现对硬件（如按键、LED 灯、数码管、LCD 等）的控制，这一项目会接触新的知识，如分配引脚、在线仿真等，在项目实施中，读者会逐渐了解。

本节实验先做一个简单的程序——跑马灯，学过单片机的人，一定对跑马灯十分熟悉，就是 8 个 I/O 口连接 8 个发光二极管，I/O 口输出高低电平，从而控制一排发光二极管依次点亮，通过 FPGA 来实现跑马灯，让大家感受一下 FPGA 和单片机的不同。

2. 示意图

图 2.2 所示为跑马灯工作时的示意图，8 个 I/O 任意时刻只有一个输出 1，点亮发光二极管，其余发光二极管灭掉，8 个 I/O 循环输出 1，就实现了跑马灯功能。

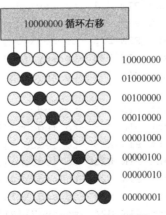

图 2.2　跑马灯工作示意图

四、引脚分配

在完成程序的编辑和调试后，需要对设计中的输入、输出信号指定具体器件的引脚号，指定引脚号称为分配或引脚锁定。通过引脚分配才能实现程序与硬件的连接，所以引脚分配是很重要的一步，若分配不对，就不能实现预期效果。

分配引脚有多种方法，本模块所有 FPGA 技术应用项目都选用利用 TCL 脚本文件自动分配的方法。例如，可以用下面的脚本文件描述"跑马灯"模块的输入和输出端口与 EP2C35F672C8 芯片的引脚连接起来。

SP-FGCE11A FPGA 实训平台 EP2C35F672C8 芯片的全部引脚分配脚本文件如下：

```
#setup EP2C35.tcl

# Setup pin setting for EP2C8 main board
set global assignment -name RESERVE ALL UNUSED PINS "AS INPUT TRI-STATED"
set global assignment -name ENABLE INIT DONE OUTPUT OFF
#clk
set location assignment PIN P1 -to clk
#rst
set location assignment PIN R4 -to reset
#led
set location assignment PIN H23 -to led\[0\]
set location assignment PIN G26 -to led\[1\]
set location assignment PIN G25 -to led\[2\]
set location assignment PIN K22 -to led\[3\]
set location assignment PIN G24 -to led\[4\]
set location assignment PIN G23 -to led\[5\]
set location assignment PIN P18 -to led\[6\]
set location assignment PIN N18 -to led\[7\]
#key
set location assignment PIN F26 -to key\[0\]
set location assignment PIN F25 -to key\[1\]
set location assignment PIN J20 -to key\[2\]
set location assignment PIN J21 -to key\[3\]
set location assignment PIN F24 -to key\[4\]
set location assignment PIN E25 -to key\[5\]
set location assignment PIN F23 -to key\[6\]
set location assignment PIN E26 -to key\[7\]
#seg7led
set location assignment PIN K25 -to ledcom\[0\]
set location assignment PIN K18 -to ledcom\[1\]
set location assignment PIN K19 -to ledcom\[2\]
set location assignment PIN H25 -to ledcom\[3\]
set location assignment PIN L24 -to seg7\[0\]
set location assignment PIN M22 -to seg7\[1\]
set location assignment PIN U24 -to seg7\[2\]
set_location pin_assignment PIN_W24 -to seg7\[3\]
```

```
set location assignment PIN U20 -to seg7\[4\]
set location assignment PIN K26 -to seg7\[5\]
set location assignment PIN M25 -to seg7\[6\]
#PS2
set location assignment PIN U23 -to data
set location assignment PIN P24 -to kbclk
#lcd128*64
set location assignment PIN R19 -to rs1
set location assignment PIN U21 -to rs2
set location assignment PIN U20 -to rs
set location assignment PIN T19 -to en
set location assignment PIN U24 -to rw
set location assignment PIN V26 -to dat\[0\]
set location assignment PIN V25 -to dat\[1\]
set location assignment PIN V24 -to dat\[2\]
set location assignment PIN V23 -to dat\[3\]
set location assignment PIN W26 -to dat\[4\]
set location assignment PIN W25 -to dat\[5\]
set location assignment PIN W23 -to dat\[6\]
set location assignment PIN W24 -to dat\[7\]
#rxd
set location assignment PIN H24 -to rxd
set location assignment PIN H26 -to txd
set location assignment PIN T23 -to rxd usb
set location assignment PIN P17 -to txd usb
#VGA
set location assignment PIN R25 -to hs
set location assignment PIN T22 -to vs
set location assignment PIN V25 -to red
set location assignment PIN V24 -to grn
set location assignment PIN T24 -to blu
#inter
set location assignment PIN AE4  -to   inter1 1[0]
set location assignment PIN AC6  -to   inter1 1[1]
set location assignment PIN AE5  -to   inter1 1[2]
set location assignment PIN AD7  -to   inter1 1[3]
set location assignment PIN AC7  -to   inter1 1[4]
set location assignment PIN Y10  -to   inter1 1[5]
set location assignment PIN AD8  -to   inter1 1[6]
set location assignment PIN AA10 -to   inter1 1[7]
set location assignment PIN AE7  -to   inter1 1[8]
set location assignment PIN AF8  -to   inter1 1[9]
set location assignment PIN AC9  -to   inter1 1[10]
set location assignment PIN AF9  -to   inter1 1[11]
set location assignment PIN AE10 -to   inter1 1[12]
set_location_assignment PIN_AE12 -to   inter1_1[13]
```

```
set location assignment PIN AE11 -to   inter1 1[14]
set location assignment PIN Y12  -to   inter1 1[15]
set location assignment PIN V13  -to   inter1 1[16]
set location assignment PIN AC12 -to   inter1 1[17]
set location assignment PIN W17  -to   inter1 1[18]
set location assignment PIN AE19 -to   inter1 1[19]
set location assignment PIN AF18 -to   inter1 1[20]
set location assignment PIN AD17 -to   inter1 1[21]
set location assignment PIN AF17 -to   inter1 1[22]
set location assignment PIN AC16 -to   inter1 1[23]
set location assignment PIN AC15 -to   inter1 1[24]
set location assignment PIN Y15  -to   inter1 1[25]
set location assignment PIN Y13  -to   inter1 1[26]
set location assignment PIN AD15 -to   inter1 1[27]
set location assignment PIN AD19 -to   inter1 1[28]
set location assignment PIN AA18 -to   inter1 1[29]
set location assignment PIN U17  -to   inter1 1[30]
set location assignment PIN AE21 -to   inter1 1[31]
set location assignment PIN AB20 -to   inter1 1[32]
set location assignment PIN V18  -to   inter1 1[33]
set location assignment PIN AF22 -to   inter1 1[34]
set location assignment PIN AD22 -to   inter1 1[35]
set location assignment PIN AE23 -to   inter1 1[36]
set location assignment PIN AF4  -to   inter1 2[0]
set location assignment PIN AD4  -to   inter1 2[1]
set location assignment PIN AF5  -to   inter1 2[2]
set location assignment PIN V10  -to   inter1 2[3]
set location assignment PIN W8   -to   inter1 2[4]
set location assignment PIN AF6  -to   inter1 2[5]
set location assignment PIN AC8  -to   inter1 2[6]
set location assignment PIN AA9  -to   inter1 2[7]
set location assignment PIN AF7  -to   inter1 2[8]
set location assignment PIN W11  -to   inter1 2[9]
set location assignment PIN AC10 -to   inter1 2[10]
set location assignment PIN AD10 -to   inter1 2[11]
set location assignment PIN AF10 -to   inter1 2[12]
set location assignment PIN AE13 -to   inter1 2[13]
set location assignment PIN AA11 -to   inter1 2[14]
set location assignment PIN V11  -to   inter1 2[15]
set location assignment PIN U12  -to   inter1 2[16]
set location assignment PIN AD12 -to   inter1 2[17]
set location assignment PIN AC18 -to   inter1 2[18]
set location assignment PIN AF19 -to   inter1 2[19]
set location assignment PIN Y16  -to   inter1 2[20]
set location assignment PIN AC17 -to   inter1 2[21]
set location assignment PIN W16  -to   inter1 2[22]
set_location_assignment PIN_AD16 -to   inter1_2[23]
```

```
set location assignment PIN AB15 -to    inter1 2[24]
set location assignment PIN Y14  -to    inter1 2[25]
set location assignment PIN AA13 -to    inter1 2[26]
set location assignment PIN AE15 -to    inter1 2[27]
set location assignment PIN AC19 -to    inter1 2[28]
#clk input
#set location assignment PIN AE14 -to   inter1 2[29]
set location assignment PIN AA20 -to    inter1 2[30]
set location assignment PIN AF21 -to    inter1 2[31]
set location assignment PIN AE20 -to    inter1 2[32]
set location assignment PIN W19  -to    inter1 2[33]
set location assignment PIN AB21 -to    inter1 2[34]
set location assignment PIN AD23 -to    inter1 2[35]
set location assignment PIN R2   -to    inter1 2[36]

#SDRAM
set location assignment PIN AA6  -to    DRAM ADDR[11]
set location assignment PIN AA7  -to    DRAM ADDR[10]
set location assignment PIN AC3  -to    DRAM ADDR[9]
set location assignment PIN AB4  -to    DRAM ADDR[8]
set location assignment PIN AB3  -to    DRAM ADDR[7]
set location assignment PIN AE3  -to    DRAM ADDR[6]
set location assignment PIN AE2  -to    DRAM ADDR[5]
set location assignment PIN AD3  -to    DRAM ADDR[4]
set location assignment PIN AD2  -to    DRAM ADDR[3]
set location assignment PIN Y5   -to    DRAM ADDR[2]
set location assignment PIN AA5  -to    DRAM ADDR[1]
set location assignment PIN AC1  -to    DRAM ADDR[0]
set location assignment PIN AC2  -to    DRAM DATA[31]
set location assignment PIN AA3  -to    DRAM DATA[30]
set location assignment PIN AA4  -to    DRAM DATA[29]
set location assignment PIN AB1  -to    DRAM DATA[28]
set location assignment PIN AB2  -to    DRAM DATA[27]
set location assignment PIN W6   -to    DRAM DATA[26]
set location assignment PIN V7   -to    DRAM DATA[25]
set location assignment PIN T8   -to    DRAM DATA[24]
set location assignment PIN R8   -to    DRAM DATA[23]
set location assignment PIN Y4   -to    DRAM DATA[22]
set location assignment PIN Y3   -to    DRAM DATA[21]
set location assignment PIN AA1  -to    DRAM DATA[20]
set location assignment PIN AA2  -to    DRAM DATA[19]
set location assignment PIN V6   -to    DRAM DATA[18]
set location assignment PIN V5   -to    DRAM DATA[17]
set location assignment PIN Y1   -to    DRAM DATA[16]
set location assignment PIN W3   -to    DRAM DATA[15]
set location assignment PIN W4   -to    DRAM DATA[14]
set_location_assignment PIN_U5   -to    DRAM_DATA[13]
```

```
set location assignment PIN U7    -to   DRAM DATA[12]
set location assignment PIN U6    -to   DRAM DATA[11]
set location assignment PIN W1    -to   DRAM DATA[10]
set location assignment PIN W2    -to   DRAM DATA[9]
set location assignment PIN V3    -to   DRAM DATA[8]
set location assignment PIN V4    -to   DRAM DATA[7]
set location assignment PIN T6    -to   DRAM DATA[6]
set location assignment PIN T7    -to   DRAM DATA[5]
set location assignment PIN V2    -to   DRAM DATA[4]
set location assignment PIN V1    -to   DRAM DATA[3]
set location assignment PIN U4    -to   DRAM DATA[2]
set location assignment PIN U3    -to   DRAM DATA[1]
set location assignment PIN U10   -to   DRAM DATA[0]
set location assignment PIN R7    -to   DRAM BA[1]
set location assignment PIN R6    -to   DRAM BA[0]
set location assignment PIN U9    -to   DRAM DQM[3]
set location assignment PIN U1    -to   DRAM DQM[2]
set location assignment PIN U2    -to   DRAM DQM[1]
set location assignment PIN T4    -to   DRAM DQM[0]
set location assignment PIN T3    -to   DRAM CAS
set location assignment PIN T2    -to   DRAM CKE
set location assignment PIN P7    -to   DRAM CS
set location assignment PIN T9    -to   DRAM WE
set location assignment PIN T10   -to   DRAM RAS
set location assignment PIN P6    -to   DRAM CLK

#FLASH
set location assignment PIN C5    -to   FLASH ADDR[21]
set location assignment PIN C6    -to   FLASH ADDR[20]
set location assignment PIN A4    -to   FLASH ADDR[19]
set location assignment PIN B4    -to   FLASH ADDR[18]
set location assignment PIN A5    -to   FLASH ADDR[17]
set location assignment PIN B5    -to   FLASH ADDR[16]
set location assignment PIN B6    -to   FLASH ADDR[15]
set location assignment PIN A6    -to   FLASH ADDR[14]
set location assignment PIN C4    -to   FLASH ADDR[13]
set location assignment PIN D5    -to   FLASH ADDR[12]
set location assignment PIN K9    -to   FLASH ADDR[11]
set location assignment PIN J9    -to   FLASH ADDR[10]
set location assignment PIN E8    -to   FLASH ADDR[9]
set location assignment PIN H8    -to   FLASH ADDR[8]
set location assignment PIN H10   -to   FLASH ADDR[7]
set location assignment PIN G9    -to   FLASH ADDR[6]
set location assignment PIN F9    -to   FLASH ADDR[5]
set location assignment PIN D7    -to   FLASH ADDR[4]
set location assignment PIN C7    -to   FLASH ADDR[3]
set_location_assignment PIN_D6    -to   FLASH_ADDR[2]
```

```
set location assignment PIN B7  -to  FLASH ADDR[1]
set location assignment PIN A7  -to  FLASH ADDR[0]
set location assignment PIN D8  -to  FLASH DATA[15]
set location assignment PIN C8  -to  FLASH DATA[14]
set location assignment PIN F10 -to  FLASH DATA[13]
set location assignment PIN G10 -to  FLASH DATA[12]
set location assignment PIN D9  -to  FLASH DATA[11]
set location assignment PIN C9  -to  FLASH DATA[10]
set location assignment PIN B8  -to  FLASH DATA[9]
set location assignment PIN A8  -to  FLASH DATA[8]
set location assignment PIN H11 -to  FLASH DATA[7]
set location assignment PIN H12 -to  FLASH DATA[6]
set location assignment PIN F11 -to  FLASH DATA[5]
set location assignment PIN E10 -to  FLASH DATA[4]
set location assignment PIN B9  -to  FLASH DATA[3]
set location assignment PIN A9  -to  FLASH DATA[2]
set location assignment PIN C10 -to  FLASH DATA[1]
set location assignment PIN D10 -to  FLASH DATA[0]
set location assignment PIN D11 -to  FLASH OE
set location assignment PIN B10 -to  FLASH CE
set location assignment PIN A10 -to  FLASH WE
set location assignment PIN G11 -to  FLASH RST
# usb-uart
set location assignment PIN R2 -to  USB UART RX
set_location_assignment PIN_R3 -to  USB_UART_TX
```

"#"号后为注释，不是实质内容。在"set_location_assignment PIN_H23 -to led\[0\]"中的"PIN_H23"是指 EP2C35F672C8 芯片的引脚号，其中的"led\[0\]"是设计的模块输出端口，它表示把程序设计的模块中的"led[0]"端口与"PIN_H23"号引脚绑定在一起。

在制作开发板时，FPGA 芯片的各个引脚和各个模块（如 led、key 等）都连接好了，如"PIN_H23"号引脚就与第一个 LED 灯的阳极连接在一起。所以只要在引脚分配脚本文件中把设计好的模块输入/输出端口与实际连接的 FPGA 芯片引脚号绑定在一起就可以驱动 LED 灯了。

参考上述 EP2C35F672C8 芯片的 TCL 脚本文件，读者可根据实际设计的模块电路的输入和输出端口酌情修改即可。

五、模块符号

图 2.3 所示为跑马灯控制器模块符号。

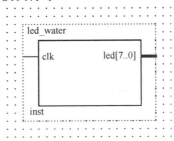

图 2.3　跑马灯控制器模块符号

六、源码

```verilog
module led water(clk,led);
input           clk;          //50MHz时钟输入
output    [7:0]  led;          //LED灯驱动
reg       [7:0]        led;
reg       [31:0]  cnt;          //分频计数因子
reg       [3:0]   cntm;         //跑马灯状态计数器
always@(posedge clk)
    begin
        if(cnt>=50000000)       //计时1秒钟
    begin
    cntm<=cntm+1;              //计数器加1，变换跑马灯状态
    cnt<=0;                    //分频计数因子清零
    end
else
    begin
    cnt<=cnt+1;
    end
if(cntm>=8)                    //跑马灯状态复位
    begin
    cntm<=0;
    end
  end
always@(posedge clk)
begin
case(cntm)                     //根据跑马灯状态计数器值来控制8个led灯的亮灭
    0:led<=8'b10000000;//0
    1:led<=8'b01000000;//1
    2:led<=8'b00100000;//2
    3:led<=8'b00010000;//3
    4:led<=8'b00001000;//4
    5:led<=8'b00000100;//5
    6:led<=8'b00000010;//6
    7:led<=8'b00000001;//7
    default:led<=7'b00000000;   //8个led灯全灭(共阴极型)
endcase
end
endmodule
```

项目实施

一、编辑调试模块代码

（1）启动 Quartus II 开发环境，执行"File"→"New Project Wizard"命令新建工程，依

据向导提示指定工程目录名为"..\led_water",工程名为"led_water",顶层实体名为"led_water",指定目标芯片为"EP2C35F672C8"。

（2）执行"File"→"New"命令，向当前工程中添加 Verilog HDL 文件，在文本编辑区输入"跑马灯"源代码，并以"led_water.v"为文件名保存到工程文件夹根目录下。

（3）执行"Processing"→"Start Compilation"命令或单击 ▶ 图标开始编译。如果编译报错，可根据错误提示重新检查并修改程序，直到编译成功。

二、分配引脚

1. 新建 tcl 脚本文件

执行"File"→"New"命令或单击 □ 图标，弹出如图 2.4 所示的"新建文件"对话框，在该对话框选择"Design Files"→"Tcl Script Files"选项后，单击"OK"按钮，进入到如图 2.5 所示的"tcl 脚本文件"编辑窗口。

图 2.4　"新建文件"对话框

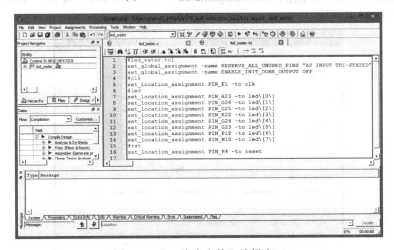

图 2.5　"tcl 脚本文件"编辑窗口

在文本编辑区输入引脚分配描述脚本，检查无误后单击 🔲 图标并以"led_water.tcl"为文件名保存该脚本文件。

2. Run tcl 文件

在 Quartus II 主界面执行"Tools"→"Tcl Scripts"命令，弹出如图 2.6 所示的"Tcl Scripts"对话框。

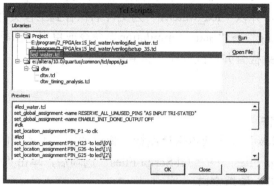

图 2.6   "Tcl Scripts"对话框

在图 2.6 中选中刚才新建的"led_water.tcl"脚本文件，然后单击"Run"按钮，分配成功后，弹出如图 2.7 所示的"Quartus II"提示框，在该提示框中单击"OK"按钮关闭提示框，再次返回到图 2.6 所示的对话框，再单击"OK"按钮完成引脚分配。

图 2.7   "Quartus II"提示框

三、配置

在编译和下载之前还需要对目标芯片进行一项设置，步骤如下。

（1）在 Quartus II 主界面执行"Assignments"→"Devices"命令，弹出如图 2.8 所示的"Devices"配置对话框。

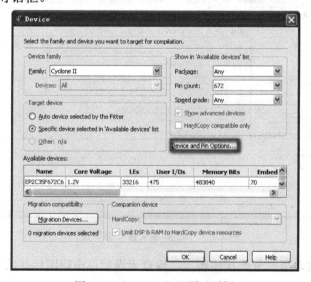

图 2.8   "Devices"配置对话框

（2）在图 2.8 中单击"Device and Pin Options"按钮，弹出如图 2.9 所示的"目标芯片属性"对话框。

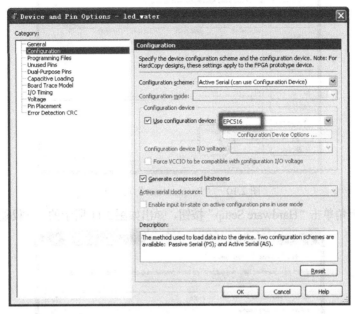

图 2.9 "目标芯片属性"对话框

（3）在图 2.9 左侧选择"Configuration"选项，然后在该对话框右侧"Use configuration device："栏的下拉菜单中选择"EPCS16"选项，单击"OK"按钮完成配置。

四、编译

在 Quartus II 主界面执行"Processing"→"Start Compilation"命令或单击 ▶ 图标开始编译。如果编译报错，可根据错误提示重新检查引脚分配或目标芯片设置，直到编译成功。

五、下载

下载程序分两种方式，一种是下载到 SDRAM 中，掉电程序丢失；另一种下载到 Flash 中，掉电不丢失。这里先介绍第一种方式。

1．硬件连接

先把下载器 10 针接口一端与实训平台的"JTAG"接口相连，另一端经 USB 数据线与计算机相连，检查无误后给实验板供上电。

2．选择下载硬件

在 Quartus II 主界面执行"Tools"→"Programmer"命令或单击 图标，弹出如图 2.10 所示的"Programmer"对话框。

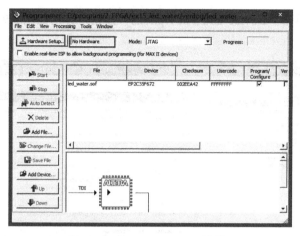

图 2.10   "Programmer"对话框

在图 2.10 左上角单击"Hardware Setup"按钮，弹出如图 2.11 所示的"下载硬件设置"对话框。

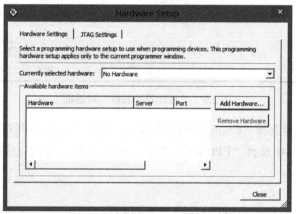

图 2.11   "下载硬件设置"对话框

在图 2.11 中"Currently selected hardware:"栏中的下拉菜单中选择"USB-Blaster[USB-0]"选项，然后单击"Close"按钮关闭对话框完成下载硬件设置并返回如图 2.12 所示的"Programmer"对话框。

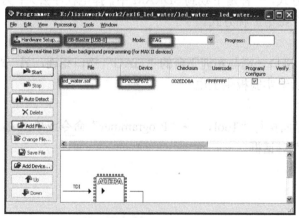

图 2.12   "Programmer"对话框

3. 下载

在图 2.12 中，首先选中"Mode"栏下拉菜单的"JTAG"选项，然后单击"Add File"按钮导入"led_water.sof"文件，在确认"Program/Configure"栏目打"√"后，单击"Start"按钮，完成下载，效果如图 2.13 所示。

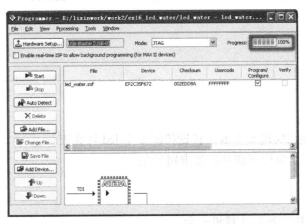

图 2.13　jtag 模式下载

下载成功后，就可以在开发板上看到程序效果了，实现了跑马灯功能。

 拓展练习

自己编写程序实现双向跑马灯功能，自左向右，到终点后自右向左。

项目 2 按键控制 LED 设计

 项目要求

一、项目任务

◆ 设计一控制电路实现 8 个 SW 按键控制 8 个 led 灯亮灭。

◆ 分配 I/O 引脚,编程下载并观察电路效果。

二、实训设备

◆ 带有 Quartus II 软件的计算机一台。

◆ SP-FGCE11A FPGA 实训平台以及电源线、下载线。

三、学习目标

◆ 继续熟悉 FPGA 开发流程

◆ 进一步熟悉 I/O 引脚分配,编译下载等操作步骤和方法。

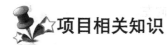 项目相关知识

一、按键控制 led 灯原理

在项目 1 中利用 I/O 口输出高低电平控制 led 灯,本项目实验是通过按键的电平控制 led 灯。其示意图如图 2.14 所示。

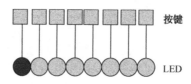

图 2.14 按键控制 led 示意图

8 个 SW 按键控制相对的 8 个 led 灯,当 SW1 在上方、其余按键在下方时,此时 SW1 为高电平,这时 SW1 对应的 led 被点亮。

二、模块符号

图 2.15 所示为按键控制 led 模块符号。

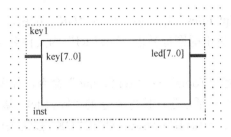

图 2.15　按键控制 led 模块符号

三、源码

```
module key1(key,led);
input    [7:0]  key;                      //8个按键输入
output   [7:0]  led;                      //8个led灯控制输出
reg      [7:0]  led;
always@(key)
begin
    case(key)                             //根据键值控制led灯的亮灭
        8'b00000001:led<=8'b00000001;
        8'b00000010:led<=8'b00000010;
        8'b00000100:led<=8'b00000100;
        8'b00001000:led<=8'b00001000;
        8'b00010000:led<=8'b00010000;
        8'b00100000:led<=8'b00100000;
        8'b01000000:led<=8'b01000000;
        8'b10000000:led<=8'b10000000;
        8'b00000000:led<=8'b00000000;
    endcase
end
endmodule
```

项目实施

一、编辑调试模块代码

（1）启动 Quartus II 开发环境，执行"File"→"New Project Wizard"命令新建工程，依据向导提示指定工程目录名为".\key1"，工程名为"key1"，顶层实体名为"key1"，指定目标芯片为"EP2C35F672C8"。

（2）执行"File"→"New"命令，向当前工程中添加 Verilog HDL 文件，在文本编辑区输入"按键控制 LED"模块源代码，并以"key1.v"为文件名保存到工程文件夹根目录下。

（3）执行"Processing"→"Start Compilation"命令或单击 ▶ 图标开始编译。如果编译报错，可根据错误提示重新检查并修改程序，直到编译成功。

二、分配引脚

1．新建 tcl 脚本文件

在 Quartus II 主界面执行"File"→"New"命令或单击 ▯ 图标，在弹出的对话框中选择

"Design Files" → "Tcl Script Files" 选项后,单击 "OK" 按钮,然后在文本编辑区输入引脚分配描述脚本,检查无误后单击 ■ 图标并以 "key1.tcl" 为文件名保存该脚本文件。

2. Run tcl 文件

在 Quartus II 主界面执行 "Tools" → "Tcl Scripts" 命令,如图 2.6 所示。

在弹出的 "Tcl Scripts" 对话框选中刚才新建的 "key1.tcl" 脚本文件,然后单击 "Run" 按钮,分配成功后,在弹出 "Quartus II" 提示框中单击 "OK" 按钮关闭提示框,返回 "Tcl Scripts" 对话框后单击 "OK" 按钮完成引脚分配。

三、配置

在 Quartus II 主界面执行 "Assignments" → "Devices" 命令,在弹出 "Devices" 配置对话框中单击 "Device and Pin Options" 按钮,然后在弹出 "目标芯片属性" 对话框左侧选择 "Configuration" 选项,然后在该对话框右侧 "Use configuration device:" 栏的下拉菜单中选择 "EPCS16" 选项,单击 "OK" 按钮完成配置。

四、编译

在 Quartus II 主界面执行 "Processing" → "Start Compilation" 命令或单击 ▶ 图标开始编译。如果编译报错,可根据错误提示重新检查引脚分配或目标芯片设置,直到编译成功。

五、下载

1. 硬件连接

先把下载器 10 针接口一端与实训平台的 "JTAG" 接口相连,另一端经 USB 数据线与计算机相连,检查无误后给实验板供上电。

2. 选择下载硬件

在 Quartus II 主界面执行 "Tools" → "Programmer" 命令或单击 ◈ 图标,在弹出 "Programmer" 对话框左上角单击 "Hardware Setup" 按钮,然后在弹出 "下载硬件设置" 对话框的 "Currently selected hardware:" 栏中的下拉菜单中选择 "USB-Blaster[USB-0]" 选项,然后单击 "Close" 按钮关闭对话框,完成下载硬件设置。

3. 下载

在 "Programmer" 对话框中,首先选中 "Mode" 栏下拉菜单的 "JTAG" 选项,然后单击 "Add File" 按钮导入 "Key1.sof" 文件,在确认 "Program/Configure" 栏目打 "√" 后,单击 "Start" 按钮,完成下载。

下载成功后,根据设计要求检查项目效果。

 拓展练习

实现按键控制跑马灯,按 1 键从左向右,按 2 键从右到左。

项目 3　蜂鸣器设计

项目要求

一、项目任务

◆ 设计蜂鸣器驱动电路，实现按键控制蜂鸣器音调改变。
◆ 分配 I/O 引脚，编程下载并观察电路效果。

二、实训设备

◆ 带有 Quartus II 软件的计算机一台。
◆ SP-FGCE11A FPGA 实训平台以及电源线、下载线。

三、学习目标

◆ 理解蜂鸣器原理。
◆ 学会 FPGA 控制蜂鸣器的设计方法。

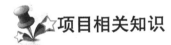

项目相关知识

一、蜂鸣器原理

蜂鸣器的原理非常简单，它能在不同频率脉冲下产生不同的音调，人能听到的音调一般在 350Hz 左右，而开发板的时钟频率是 50MHz，所以事先进行分频，本项目实验中根据 50000000/350 来大致确定分频系数，本项目实验采用了 120000 分频，读者在可听到的声音范围内可自由设置分频系数；设置通过按键调节声音的频率，来改变音调，本项目实验中每次调节最少使分频系数增加 10000，这样使音调变化比较明显。图 2.16 所示为蜂鸣器连接图。

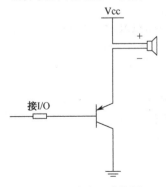

图 2.16　蜂鸣器连接图

如图 2.16 所示，蜂鸣器的正极接到 Vcc（＋5V）电源，蜂鸣器的负极接到三极管的发射极 E，三极管的基极 B 经过限流电阻后由 FPGA 的引脚控制，当 I/O 口输出高电平时，三极管截止，没有电流流过线圈，蜂鸣器不发声；当输出低电平时，三极管导通，这样蜂鸣器的电流形成回路，发出声音。

程序中改变 FPGA 的 I/O 输出波形的频率，就可以调整控制蜂鸣器音调。另外，改变 I/O 输出电平的高低电平占空比，则可以控制蜂鸣器的声音大小，本实验仅改变音调，不改变声音大小。

二、模块符号

图 2.17 所示为蜂鸣器驱动电路模块符号。

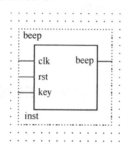

图 2.17　蜂鸣器驱动电路模块符号

三、源码

```
module beep(clk,key,beep);
 input          clk;
input           key;
output          beep;
 reg            beep;
reg     [20:0]  count;
reg     [2:0]   n ;
//////////分频计数器调节//////////
always@(negedge key)
n<=n+1;
////////////产生一定频率的输出波形//////////
always @ (posedge clk)
    if (count < 12000+n*120000/2-1)
        count <= count + 1'b1;
    else
    begin
        count <= 21'b0;
        beep <= ~beep;
    end
endmodule
```

 **项目实施**

一、编辑调试模块代码

（1）启动 Quartus II 开发环境，执行"File"→"New Project Wizard"命令，新建工程，依据向导提示指定工程目录名为"..\beep"，工程名为"beep"，顶层实体名为"beep"，指定目标芯片为"EP2C35F672C8"。

（2）执行"File"→"New"命令，向当前工程中添加 Verilog HDL 文件，在文本编辑区输入"蜂鸣器"模块源代码，并以"beep.v"为文件名保存到工程文件夹根目录下。

（3）执行"Processing"→"Start Compilation"命令或单击 ▶ 图标开始编译。如果编译报错，可根据错误提示重新检查并修改程序，直到编译成功。

二、分配引脚

1．新建 tcl 脚本文件

执行"File"→"New"命令或单击 □ 图标，在弹出的对话框中选择"Design Files"→"Tcl Script Files"选项后，单击"OK"按钮，然后在文本编辑区输入引脚分配描述脚本，检查无误后单击 ▤ 图标并以"beep.tcl"为文件名保存该脚本文件。

2．Run tcl 文件

在 Quartus II 主界面执行"Tools"→"Tcl Scripts"命令，如图 2.6 所示。

在弹出的"Tcl Scripts"对话框选中刚才新建的"beep.tcl"脚本文件，然后单击"Run"按钮，分配成功后，在弹出"Quartus II"提示框中单击"OK"按钮关闭提示框，返回"Tcl Scripts"对话框后单击"OK"按钮完成引脚分配。

三、配置

在 Quartus II 主界面执行"Assignments"→"Devices"命令，在弹出"Devices"配置对话框中单击"Device and Pin Options"按钮，然后在弹出"目标芯片属性"对话框左侧选择"Configuration"选项，然后在该对话框右侧"Use configuration device："栏的下拉菜单中选择"EPCS16"选项，单击"OK"按钮完成配置。

四、编译

在 Quartus II 主界面执行"Processing"→"Start Compilation"命令或单击 ▶ 图标开始编译。如果编译报错，可根据错误提示重新检查引脚分配或目标芯片设置，直到编译成功。

五、下载

1．硬件连接

先把下载器 10 针接口一端与实训平台的"JTAG"接口相连，另一端经 USB 数据线与计算机相连，检查无误后给实验板供上电。

2．选择下载硬件

在 Quartus II 主界面执行"Tools"→"Programmer"命令或单击 图标，在弹出"Programmer"对话框左上角单击"Hardware Setup"按钮，然后在弹出"下载硬件设置"对话框的"Currently selected hardware:"栏中的下拉菜单中选择"USB-Blaster[USB-0]"选项，然后单击"Close"按钮关闭对话框，完成下载硬件设置。

3．下载

在"Programmer"对话框中，首先选中"Mode"栏下拉菜单的"JTAG"选项，然后单击"Add File"按钮导入"beep.sof"文件，在确认"Program/Configure"栏目打"√"后，单击"Start"按钮，完成下载。

下载成功后，根据设计要求检查项目效果。

 拓展练习

练习编写程序，使蜂鸣器鸣叫频率可高可低。

项目 4 七段数码管扫描显示设计

项目要求

一、项目任务

◆ 设计动态数码管驱动电路，实现四个数码管分别显示 1、2、3、4 四个数字。
◆ 分配 I/O 引脚，编程下载并观察电路效果。

二、实训设备

◆ 带有 Quartus II 软件的计算机一台。
◆ SP-FGCE11A FPGA 实训平台以及电源线、下载线。

三、学习目标

◆ 理解七段数码管扫描显示原理。
◆ 掌握数码管扫描显示编程方法。

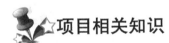

项目相关知识

一、七段数码管扫描显示原理简介

动态扫描显示的特点是同一时刻只有一位数码管被点亮，第一时刻只让第一个数码管亮，与此同时向数码管送出 0 的字形码；短暂延时后，让第二个数码管亮，与此同时送出 1 的字形码，以此类推。那为什么每次只有一个亮，而看到的却是都亮呢，这是因为更换频率很高，利用发光二极管的余辉和人眼视觉暂留作用，使人的感觉好像各位数码管同时都在显示。动态显示的亮度比静态显示要差一些，所以在选择限流电阻时应略小于静态显示电路中的阻值。图 2.18 所示为七段数码管连接图。

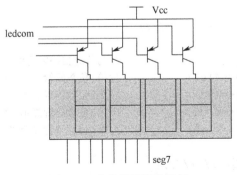

图 2.18　七段数码管连接图

ledcom 是位选，用来选择让哪个数码管亮，seg7 是段选（共阴极，高电平点亮），通过送字形码来决定显示什么数字。

二、模块符号

图 2.19 所示为七段显示译码管控制器模块符号。

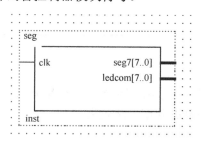

图 2.19　七段显示译码管控制器模块符号

三、源码

```
module seg(clk,seg7,ledcom);
input          clk;              //50MHz时钟输入
output   [7:0] seg7;             //数码管段选输出
output   [3:0] ledcom;           //数码位选输出
reg      [7:0] seg7;
reg      [20:0] cnt;
reg      [3:0] ledcom;
reg      [3:0]  dis_data;        //显示数据寄存器

always@(posedge clk)
    cnt<=cnt+1;
//////////动态数码管（4个）位选端扫描输出//////////
always@(cnt)
 case(cnt[15:14])                //控制扫描的频率
 3'b000:ledcom<=4'b0001;         //选通第1个数码管
 3'b001:ledcom<=4'b0010;         //选通第2个数码管
 3'b010:ledcom<=4'b0100;         //选通第3个数码管
 3'b011:ledcom<=4'b1000;         //选通第4个数码管
 endcase
//////////选择显示数据//////////
always@(cnt)
 case(cnt[15:14])                //与位选扫描频同步
 3'b000:dis_data<=4'd0;          //第1位数码管显示"0"
 3'b001:dis_data<=4'd1;          //第2位数码管显示"1"
 3'b010:dis_data<=4'd2;          //第3位数码管显示"2"
 3'b011:dis_data<=4'd3;          //第4位数码管显示"3"
 endcase
//////////字型译码//////////
always
```

```
case(dis data)
3'b000:seg7<=8'b00000111;        //0
3'b001:seg7<=8'b11011011;        //1
3'b010:seg7<=8'b11001111;        //2
3'b011:seg7<=8'b10100111;        //3
3'b100:seg7<=8'b11101101;        //4
3'b101:seg7<=8'b11111101;        //5
3'b110:seg7<=8'b01000111;        //6
3'b111:seg7<=8'b11111111;        //7
endcase
endmodule
```

源码中的段码顺序为，最低位是小数点，在从低至高分别为 a、b、c、d、e、f、g 段。

 项目实施

一、编辑调试模块代码

（1）启动 Quartus II 开发环境，执行"File"→"New Project Wizard"命令，新建工程，依据向导提示指定工程目录名为"..\seg"，工程名为"seg"，顶层实体名为"seg"，指定目标芯片为"EP2C35F672C8"。

（2）执行"File"→"New"命令，向当前工程中添加 Verilog HDL 文件，在文本编辑区输入"七段数码管扫描显示"模块源代码，并以"seg.v"为文件名保存到工程文件夹根目录下。

（3）执行"Processing"→"Start Compilation"命令或单击 ▶ 图标开始编译。如果编译报错，可根据错误提示重新检查并修改程序，直到编译成功。

二、分配引脚

1. 新建 tcl 脚本文件

执行"File"→"New"命令或单击 ❏ 图标，在弹出的对话框中选择"Design Files"→"Tcl Script Files"选项后，单击"OK"按钮，然后在文本编辑区输入引脚分配描述脚本，检查无误后单击 💾 图标并以"seg.tcl"为文件名保存该脚本文件。

2. Run tcl 文件

在 Quartus II 主界面执行"Tools"→"Tcl Scripts"命令，如图 2.6 所示。

在弹出的"Tcl Scripts"对话框选中刚才新建的"seg.tcl"脚本文件，然后单击"Run"按钮，分配成功后，在弹出"Quartus II"提示框中单击"OK"按钮关闭提示框，返回"Tcl Scripts"对话框后单击"OK"按钮完成引脚分配。

三、配置

在 Quartus II 主界面执行"Assignments"→"Devices"命令，在弹出"Devices"配置对话框中单击"Device and Pin Options"按钮，然后在弹出"目标芯片属性"对话框左侧选择

"Configuration"选项，然后在该对话框右侧"Use configuration device："栏的下拉菜单中选择"EPCS16"选项，单击"OK"按钮完成配置。

四、编译

在 Quartus II 主界面执行"Processing"→"Start Compilation"命令或单击 ▶ 图标开始编译。如果编译报错，可根据错误提示重新检查引脚分配或目标芯片设置，直到编译成功。

五、下载

1. 硬件连接

先把下载器 10 针接口一端与实训平台的"JTAG"接口相连，另一端经 USB 数据线与计算机相连，检查无误后给实验板供上电。

2. 选择下载硬件

在 Quartus II 主界面执行"Tools"→"Programmer"命令或单击 图标，在弹出"Programmer"对话框左上角单击"Hardware Setup"按钮，然后在弹出"下载硬件设置"对话框的"Currently selected hardware："栏中的下拉菜单中选择"USB-Blaster[USB-0]"选项，然后单击"Close"按钮关闭对话框，完成下载硬件设置。

3. 下载

在"Programmer"对话框中，首先选中"Mode"栏下拉菜单的"JTAG"选项，然后单击"Add File"按钮导入"seg.sof"文件，在确认"Program/Configure"栏目打"√"后，单击"Start"按钮，完成下载。

下载成功后，根据设计要求检查项目效果。

 拓展练习

自己编程实现显示自己生日。

项目 5　点阵控制设计

项目要求

一、项目任务

◆ 设计一 16×16 点阵驱动电路，实现点阵显示一列循环右移。

◆ 分配 I/O 引脚，编程下载并观察电路效果。

二、实训设备

◆ 带有 Quartus II 软件的计算机一台。

◆ SP-FGCE11A FPGA 实训平台以及电源线下载线。

三、学习目标

◆ 理解点阵显示原理。

◆ 掌握对点阵驱动的编程方法。

项目相关知识

一、点阵控制原理简介

图 2.20 所示为点阵的原理图。

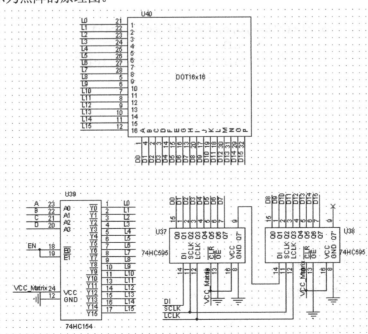

图 2.20　点阵原理图

74HC154 为 4-16 译码器，74HC595 为串入并/串出的移位寄存器，通过 74HC154 决定哪一列点亮，由 74HC595 控制此列中的哪些点点亮。这样就能实现点阵的显示。

DI 为数据串行输入端；SCLK 上升沿时，数据寄存器中的数据移位，下降沿时数据保持不变；LCLK 上升沿时移位寄存器中的数据进入数据存储寄存器，下降沿时数据保持不变。

二、模块符号

图 2.21 所示为点阵控制模块符号。

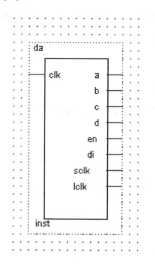

图 2.21 点阵控制模块符号

三、源码

```verilog
module dot matrix(clk,a,b,c,d,en,di,sclk,lclk);
input                clk;
output               a,b,c,d,en,di,sclk,lclk;
reg                  sclk;
reg                  lclk;
reg                  clkr;
reg                  di;
reg        [31:0]    cnt1;
reg        [7:0]     cnt 4;
reg        [3:0]     wei;

assign    a=wei[0];
assign    b=wei[1];
assign    c=wei[2];
assign    d=wei[3];
assign    en=0;
//////////产生行扫描信号//////////
always@(posedge clkr)
 wei<=wei+1;
//////////分频得到sclk和lclk脉冲计数频率//////////
```

```verilog
always@(posedge clk)
 if(cnt1>=2000000)
 begin
    cnt1<=0;
    clkr<=~clkr;
 end
 else
    cnt1<=cnt1+1;
//////////移位脉冲计数//////////
always @(posedge clkr)
if(cnt 4>=8'hff)
cnt 4 <= 0;
else
cnt 4 <= cnt 4+1'b1;
//////////产生sclk信号//////////
always @(posedge clkr)
if((cnt 4 == 8'h03) || (cnt 4 == 8'h15)
 || (cnt 4 == 8'h27) || (cnt 4 == 8'h39)
|| (cnt 4 == 8'h4b) || (cnt 4 == 8'h5d)
|| (cnt 4 == 8'h6f) || (cnt 4 == 8'h81)
|| (cnt 4 == 8'h93) || (cnt 4 == 8'ha5)
|| (cnt 4 == 8'hb7) || (cnt 4 == 8'hc9)
|| (cnt 4 == 8'hdb) || (cnt 4 == 8'hed)
|| (cnt 4 == 8'hf6) || (cnt 4 == 8'hfe))
  sclk<=1;
else if((cnt 4 == 8'h00) || (cnt 4 == 8'h0c)
|| (cnt 4 == 8'h20) || (cnt 4 == 8'h30)
|| (cnt 4 == 8'h40) || (cnt 4 == 8'h53)
|| (cnt 4 == 8'h62) || (cnt 4 == 8'h78)
|| (cnt 4 == 8'h8a) || (cnt 4 == 8'h9e)
|| (cnt 4 == 8'hb0) || (cnt 4 == 8'hc0)
|| (cnt 4 == 8'hd2) || (cnt 4 == 8'he4)
|| (cnt 4 == 8'hf0) || (cnt 4 == 8'hf5))
  sclk<=0;
//////////在sclk上升沿之前准备好要移位的数据//////////
always @(posedge clkr)
  case(cnt 4)
  8'h02: di <= 1;
  8'h14: di <= 1;
  8'h26: di <= 1;
  8'h38: di <= 1;
  8'h4a: di <= 1;
  8'h5c: di <= 1;
  8'h6e: di <= 1;
  8'h80: di <= 1;
  8'h92: di <= 1;
  8'ha4: di <= 1;
  8'hb6: di <= 1;
```

```
        8'hc8: di <= 1;
        8'hda: di <= 1;
        8'hec: di <= 1;
        8'hf5: di <= 1;
        8'hfd: di <= 1;
        default: ;
        endcase
//////////产生lclk锁存信号//////////
always @(posedge clkr)
if((cnt 4 == 8'h04) || (cnt 4 == 8'h16)
 || (cnt 4 == 8'h28) || (cnt 4 == 8'h40)
|| (cnt 4 == 8'h4c) || (cnt 4 == 8'h5e)
||(cnt 4 == 8'h70)|| (cnt 4 == 8'h82)
|| (cnt 4 == 8'h94) || (cnt 4 == 8'ha6)
|| (cnt 4 == 8'hb8) || (cnt 4 == 8'hca)
|| (cnt 4 == 8'hdc)|| (cnt 4 == 8'hee)
|| (cnt 4 == 8'hf7)|| (cnt 4 == 8'hff))
lclk <= 1'b1;
 else if((cnt 4 == 8'h00) || (cnt 4 == 8'h0c)
 || (cnt 4 == 8'h20) || (cnt 4 == 8'h30)
|| (cnt 4 == 8'h40)|| (cnt 4 == 8'h53)
|| (cnt 4 == 8'h62)|| (cnt 4 == 8'h78)
|| (cnt 4 == 8'h8a)|| (cnt 4 == 8'h9e)
|| (cnt 4 == 8'hb0)|| (cnt 4 == 8'hc0)
|| (cnt 4 == 8'hd2)|| (cnt 4 == 8'he4)
|| (cnt 4 == 8'hf0)|| (cnt 4 == 8'hf5))
 lclk <= 1'b0;
endmodule
```

 项目实施

一、编辑调试模块代码

（1）启动 Quartus II 开发环境，执行"File"→"New Project Wizard"命令，新建工程，依据向导提示指定工程目录名为"..\dot_matrix"，工程名为"dot_matrix"，顶层实体名为"dot_matrix"，指定目标芯片为"EP2C35F672C8"。

（2）执行"File"→"New"命令，向当前工程中添加 Verilog HDL 文件，在文本编辑区输入"点阵控制"模块源代码，并以"dot_matrix.v"为文件名保存到工程文件夹根目录下。

（3）执行"Processing"→"Start Compilation"命令或单击 ▶ 图标开始编译。如果编译报错，可根据错误提示重新检查并修改程序，直到编译成功。

二、分配引脚

1. 新建 tcl 脚本文件

执行"File"→"New"命令或单击 ☐ 图标，在弹出的对话框中选择"Design Files"→"Tcl

Script Files"选项后，单击"OK"按钮，然后在文本编辑区输入引脚分配描述脚本，检查无误后单击■图标并以"dot_matrix.tcl"为文件名保存该脚本文件。

2．Run tcl 文件

在 Quartus II 主界面执行"Tools"→"Tcl Scripts"命令，如图 2.6 所示。

在弹出的"Tcl Scripts"对话框选中刚才新建的"dot_matrix.tcl"脚本文件，然后单击"Run"按钮，分配成功后，在弹出"Quartus II"提示框中单击"OK"按钮关闭提示框，返回"Tcl Scripts"对话框后单击"OK"按钮完成引脚分配。

三、配置

在 Quartus II 主界面执行"Assignments"→"Devices"命令，在弹出"Devices"配置对话框中单击"Device and Pin Options"按钮，然后在弹出"目标芯片属性"对话框左侧选择"Configuration"选项，然后在该对话框右侧"Use configuration device："栏的下拉菜单中选择"EPCS16"选项，单击"OK"按钮完成配置。

四、编译

在 Quartus II 主界面执行"Processing"→"Start Compilation"命令或单击 ▶ 图标开始编译。如果编译报错，可根据错误提示重新检查引脚分配或目标芯片设置，直到编译成功。

五、下载

1．硬件连接

先把下载器 10 针接口一端与实训平台的"JTAG"接口相连，另一端经 USB 数据线与计算机相连，检查无误后给实验板供上电。

2．选择下载硬件

在 Quartus II 主界面执行"Tools"→"Programmer"命令或单击 图标，在弹出"Programmer"对话框左上角单击"Hardware Setup"按钮，然后在弹出"下载硬件设置"对话框中"Currently selected hardware："栏中的下拉菜单中选择"USB-Blaster[USB-0]"选项，然后单击"Close"按钮关闭对话框，完成下载硬件设置。

3．下载

在"Programmer"对话框中，首先选中"Mode"栏下拉菜单的"JTAG"选项，然后单击"Add File"按钮导入"dot_matrix.sof"文件，在确认"Program/Configure"栏目打"√"后，单击"Start"按钮，完成下载。

下载成功后，根据设计要求检查项目效果。

 拓展练习

编程实现一个字或字母的显示。

项目 6　直流电机控制设计

项目要求

一、项目任务

◆ 设计一个直流电机驱动和测速电路，并把转速显示在数码管上。
◆ 分配 I/O 引脚，编程下载并观察电路效果。

二、实训设备

◆ 带有 Quartus II 软件的计算机一台。
◆ SP-FGCE11A FPGA 实训平台以及电源线、下载线。

三、学习目标

◆ 理解直流电机转速测量原理。
◆ 掌握直流电机转速的测量方法和直流电机驱动的编程方法。

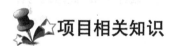

项目相关知识

一、直流电机控制原理简介

图 2.22 所示为电机测速的原理图。

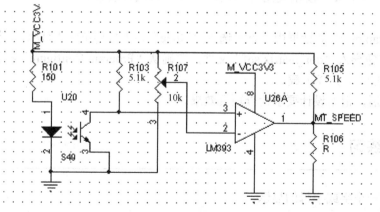

图 2.22　测速原理图

直流电机是非常简单的，只要将直流电机一端接地一端接 FPGA，然后让 FPGA 产生 PWM 脉冲就能让电机转起来，并通过调节占空比来控制转速。

测速电路相对来说复杂一些，图中 S49 是光电传感器，传感器上有发射端和接收端，发射端发射红外光，将直流电机上带的黑白相间圆形的码盘对着光电传感器，当红外光遇到码盘的白色区域，红外光反射回接收端，3、4 间导通，4 端拉为低电平，即比较器 LM393 的 3 脚同相输入端为低电平,经与 2 脚反相输入端的高电平比较,从 1 脚输出低电平,即 MT_SPEED 端输出低电平；如果遇到黑色区域，红外光无反射，MT_SPEED 端输出高电平。MT_SPEED 端连接 FPGA，因此通过脉冲计数便可以测出转速。

二、模块符号

图 2.23 所示为直流电机控制模块符号。

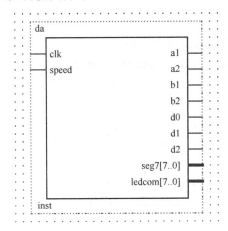

图 2.23　直流电机控制模块符号

三、源码

```
module DC motor(clk,speed,a1,a2,b1,b2,d0,d1,d2,seg7,ledcom,reset);
input           speed;
input           clk;
input           reset;
output          a1,a2,b1,b2,d0,d1,d2;
output   [7:0]  seg7;
output   [7:0]  ledcom;
reg      [7:0]  seg7;
reg      [3:0]  dis data;
reg      [20:0] cnt,cnts,cntb;
reg      [10:0] cntr;
reg      [7:0]  ledcom;
reg             a2;
reg      [26:0] cnt1;
reg      [10:0] sec;

assign   a1=0;
```

```verilog
assign    d0=1;
assign    d1=1;
assign    d2=1;
//////////输出PWM波///////////
always@(posedge clk)
begin
cntr<=cntr+1;
 if(cntr<600)
     a2<=1;
 else
     a2<=0;
end
/////////////////////////////////////////////////
always@(posedge clk)
     cnt<=cnt+1;
//////////码盘转动计数器//////////
always@(posedge speed or negedge reset)
begin
if(!reset)
   cntb <= 0;
else
cntb<=cntb+1;
end
//////////计时///////////
always@(posedge clk or negedge reset)
begin
 if(!reset)
 begin
   cnt1 =0;
     sec =0;
 end
  else
  begin
   cnt1 = cnt1 +1;
 if(cnt1==25000000)
   begin
        sec = sec+1;
          cnt1 =0 ;
   end
end
end
//////////扫描位选端/////////
always@(posedge clk)
 case(cnt[16:14])
 3'b000:ledcom<=8'b00000001;//0
 3'b001:ledcom<=8'b00000010;//1
```

```
     3'b010:ledcom<=8'b00000100;//2
     3'b011:ledcom<=8'b00001000;//3
     3'b100:ledcom<=8'b00010000;//0
     3'b101:ledcom<=8'b00100000;//1
     3'b110:ledcom<=8'b01000000;//2
     3'b111:ledcom<=8'b10000000;//3
     endcase
///////////计算转速/////////
always@(posedge clk or negedge reset)
if(!reset)
 begin
   seg  <= 0;
   cnts  <= 0;
     end
else
begin
         cnts <= cntb/sec;
 case(cnt[16:14])
 3'b000:dis data<=(cnts%100000000)/10000000;
 3'b001:dis data<=(cnts%10000000)/1000000;
 3'b010:dis data<=(cnts%1000000)/100000;
 3'b011:dis data<=(cnts%100000)/10000;
 3'b100:dis data<=(cnts%10000)/1000;
 3'b101:dis data<=(cnts%1000)/100;
 3'b110:dis data<=(cnts%100)/10;
 3'b111:dis data<=(cnts%10)/1;
 endcase
end
/////////字型译码///////////
always@(dis data)
begin
     case(dis data)
         0:seg7<=8'b01111111;
1:seg7<=8'b00000111;
 2:seg7<=8'b11011011;
         3:seg7<=8'b11001111;
         4:seg7<=8'b10100111;
 5:seg7<=8'b11101101;
 6:seg7<=8'b11111101;
 7:seg7<=8'b01000111;
         8:seg7<=8'b11111111;
 9:seg7<=8'b11101111;
 endcase
end
endmodule
```

项目实施

一、编辑调试模块代码

（1）启动 Quartus II 开发环境，执行"File"→"New Project Wizard"命令，新建工程，依据向导提示指定工程目录名为"..\DC_motor"，工程名为"DC_motor"，顶层实体名为"DC_motor"，指定目标芯片为"EP2C35F672C8"。

（2）执行"File"→"New"命令，向当前工程中添加 Verilog HDL 文件，在文本编辑区输入"直流电机控制"源代码，并以"DC_motor.v"为文件名保存到工程文件夹根目录下。

（3）执行"Processing"→"Start Compilation"命令或单击 ▶ 图标开始编译。如果编译报错，可根据错误提示重新检查并修改程序，直到编译成功。

二、分配引脚

1. 新建 tcl 脚本文件

执行"File"→"New"命令或单击 ▯ 图标，在弹出的对话框中选择"Design Files"→"Tcl Script Files"选项后，单击"OK"按钮，然后在文本编辑区输入引脚分配描述脚本，检查无误后单击 ▯ 图标并以"DC_motor.tcl"为文件名保存该脚本文件。

2. Run tcl 文件

在 Quartus II 主界面执行"Tools"→"Tcl Scripts"命令，如图 2.6 所示。

在弹出的"Tcl Scripts"对话框中选中刚才新建的"DC_motor.tcl"脚本文件，然后单击"Run"按钮，分配成功后，在弹出"Quartus II"提示框中单击"OK"按钮关闭提示框，返回"Tcl Scripts"对话框后单击"OK"按钮完成引脚分配。

三、配置

在 Quartus II 主界面执行"Assignments"→"Devices"命令，在弹出"Devices"配置对话框中单击"Device and Pin Options"按钮，然后在弹出"目标芯片属性"对话框的左侧选择"Configuration"选项，然后在该对话框右侧"Use configuration device："栏的下拉菜单中选择"EPCS16"选项，单击"OK"按钮完成配置。

四、编译

在 Quartus II 主界面执行"Processing"→"Start Compilation"命令或单击 ▶ 图标开始编译。如果编译报错，可根据错误提示重新检查引脚分配或目标芯片设置，直到编译成功。

五、下载

1. 硬件连接

先把下载器 10 针接口一端与实训平台的"JTAG"接口相连，另一端经 USB 数据线与计算机相连，检查无误后给实验板供上电。

2．选择下载硬件

在 Quartus II 主界面执行"Tools"→"Programmer"命令或单击 图标，在弹出"Programmer"对话框的左上角单击"Hardware Setup"按钮，然后在弹出"下载硬件设置"对话框的"Currently selected hardware:"栏中的下拉菜单中选择"USB-Blaster[USB-0]"选项，然后单击"Close"按钮关闭对话框完成下载硬件设置。

3．下载

在"Programmer"对话框中，首先选中"Mode"栏下拉菜单的"JTAG"选项，然后单击"Add File"按钮导入"DC_motor.sof"文件，在确认"Program/Configure"栏目打"√"后，单击"Start"按钮，完成下载。

下载成功后，根据设计要求检查项目效果。

拓展练习

编程实现电机转速可调。

项目 7 步进电机控制设计

项目要求

一、项目任务

◆ 设计一个步进电机逆时针转动驱动电路。

◆ 分配 I/O 引脚，编程下载并观察电路效果。

二、实训设备

◆ 带有 Quartus II 软件的计算机一台。

◆ SP-FGCE11A FPGA 实训平台以及电源线、下载线。

三、学习目标

◆ 理解驱动步进电机的原理。

◆ 掌握驱动步进电机的编程方法。

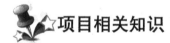

项目相关知识

一、步进电机控制原理简介

图 2.24 所示为步进电机驱动电路原理图。

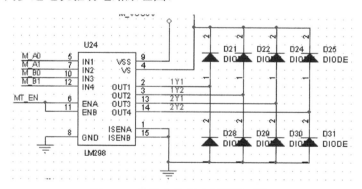

图 2.24　步进电机驱动电路原理图

M_A0、M_A1、M_B0、M_B1 与 FPGA 引脚连接，1Y1、1Y2、2Y1、2Y2 与步进电机的四根线连接；LM298 是将 FPGA 输出的 3.3V 电压转换成电机需要的 12V 电压。

M_A0、M_A1、M_B0、M_B1 按照一定的时序给定高低电平，就能控制步进电机的转动，如图 2.25 所示的时序，即可实现步进电机逆时针的转动。

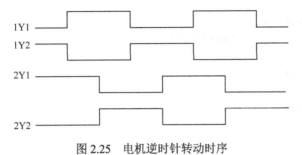

图 2.25　电机逆时针转动时序

二、模块符号

图 2.26 所示为步进电机控制模块符号。

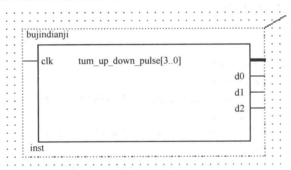

图 2.26　步进电机控制模块符号

三、源码

```verilog
module step motor(turn up down pulse,d0,d1,d2,clk );
output    [3:0]   turn up down pulse;
output            d0,d1,d2;
input             clk;
reg       [3:0]   turn_up_down_pulse;      //控制电机的四根线输出
reg       [1:0]   state;
reg       [19:0]  cnt;

assign    d0=1;
assign    d1=1;
assign    d2=1;

parameter
state0=2'b00,
state1=2'b01,
state2=2'b10,
state3=2'b11;
/////////步进电机状态转换//////////
```

```
always@(posedge clk)
begin
cnt<=cnt+1;
if(cnt==20'h6000)
                        case(state)
state0:
state<=state1;
state1:
state<=state2;
state2:
state<=state3;
state3:
state<=state0;
 endcase
                end
//////////步进电机控制输出//////////
always@(state)
begin
            case(state)
                state0:
                    turn up down pulse=4'b1100;
                state1:
                    turn up down pulse=4'b0110;
                state2:
                    turn up down pulse=4'b0011;
                state3:
                    turn up down pulse=4'b1001;
                endcase
end
endmodule
```

 项目实施

一、编辑调试模块代码

（1）启动 Quartus II 开发环境，执行"File"→"New Project Wizard"命令新建工程，依据向导提示指定工程目录名为"..\step_motor"，工程名为"step_motor"，顶层实体名为"step_motor"，指定目标芯片为"EP2C35F672C8"。

（2）执行"File"→"New"命令，向当前工程中添加 Verilog HDL 文件，在文本编辑区输入"步进电机控制"模块源代码，并以"step_motor.v"为文件名保存到工程文件夹根目录下。

（3）执行"Processing"→"Start Compilation"命令或单击 ▶ 图标开始编译。如果编译报错，可根据错误提示重新检查并修改程序，直到编译成功。

二、分配引脚

1. 新建 tcl 脚本文件

执行 "File" → "New" 命令或单击□图标，在弹出的对话框中选择 "Design Files" → "Tcl Script Files" 选项后，单击 "OK" 按钮，然后在文本编辑区输入引脚分配描述脚本，检查无误后单击█图标并以 "step_motor.tcl" 为文件名保存该脚本文件。

2. Run tcl 文件

在 Quartus II 主界面执行 "Tools" → "Tcl Scripts" 命令，如图 2.6 所示。

在弹出的 "Tcl Scripts" 对话框选中刚才新建的 "step_motor.tcl" 脚本文件，然后单击 "Run" 按钮，分配成功后，在弹出 "Quartus II" 提示框中单击 "OK" 按钮关闭提示框，返回 "Tcl Scripts" 对话框后单击 "OK" 按钮完成引脚分配。

三、配置

在 Quartus II 主界面执行 "Assignments" → "Devices" 命令，在弹出 "Devices" 配置对话框中单击 "Device and Pin Options" 按钮，然后在弹出 "目标芯片属性" 对话框的左侧选择 "Configuration" 选项，然后在该对话框右侧 "Use configuration device:" 栏的下拉菜单中选择 "EPCS16" 选项，单击 "OK" 按钮完成配置。

四、编译

在 Quartus II 主界面执行 "Processing" → "Start Compilation" 命令或单击▶图标开始编译。如果编译报错，可根据错误提示重新检查引脚分配或目标芯片设置，直到编译成功。

五、下载

1. 硬件连接

先把下载器 10 针接口一端与实训平台的 "JTAG" 接口相连，另一端经 USB 数据线与计算机相连，检查无误后给实验板供上电。

2. 选择下载硬件

在 Quartus II 主界面执行 "Tools" → "Programmer" 命令或单击 图标，在弹出 "Programmer" 对话框的左上角单击 "Hardware Setup" 按钮，然后在弹出 "下载硬件设置" 对话框的 "Currently selected hardware:" 栏中的下拉菜单中选择 "USB-Blaster[USB-0]" 选项，然后单击 "Close" 按钮关闭对话框，完成下载硬件设置。

3. 下载

在 "Programmer" 对话框中，首先选中 "Mode" 栏下拉菜单的 "JTAG" 选项，然后单击 "Add File" 按钮导入 "step_motor.sof" 文件，在确认 "Program/Configure" 栏目打 "√" 后，单击 "Start" 按钮，完成下载。

下载成功后，根据设计要求检查项目效果。

 拓展练习

实现步进电机顺时针转动 45° 然后逆时针回到原位置。

项目 8 矩阵键盘接口控制设计

项目要求

一、项目任务

◆ 设计一个矩阵键盘接口控制电路，实现按键控制 LED 灯亮灭。
◆ 分配 I/O 引脚，编程下载并观察电路效果。

二、实训设备

◆ 带有 Quartus II 软件的计算机一台。
◆ SP-FGCE11A FPGA 实训平台以及电源线、下载线。

三、学习目标

◆ 理解矩阵键盘按键扫描原理。
◆ 掌握矩阵键盘的编程方法。

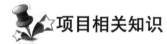

项目相关知识

一、矩阵键盘接口控制原理简介

图 2.27 所示为矩阵键盘的原理图。

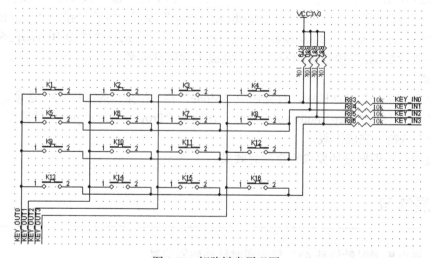

图 2.27 矩阵键盘原理图

把每个键都分成水平和垂直的两端接入，分别与 keyin 和 keyout 相连，keyin 和 keyout 接 FPGA 引脚（注意：keyin 和 keyout 中的 in/out 是针对 FPGA 说的，不要弄混）。

FPGA 第一次向 keyout 端送入 0111，0111 是代表此时扫描第一行，若此时有按键按下，假设第一行的第三列按键被按下，那 keyin 端读取的结果就会变成 1101（因为有上拉，原来是 1111，如果没有按键按下，保持 1111 的状态），这是因为这个按键被按下之后，会被 keyout 的电位短路，而把 keyout 端读取的电位拉到 0，FPGA 读回 keyin 的值，这样，被按下的行和列都能确定，就能判定是哪个键被按下。

如果第一行没有按键按下，第二次向 keyout 送 1011，再做第二行的判定。

第三次是 1101，第四次是 1110，依次循环，总能找到是哪个按键被按下，这就是矩阵键盘的扫描原理。

矩阵键盘扫描流程图如图 2.28 所示。

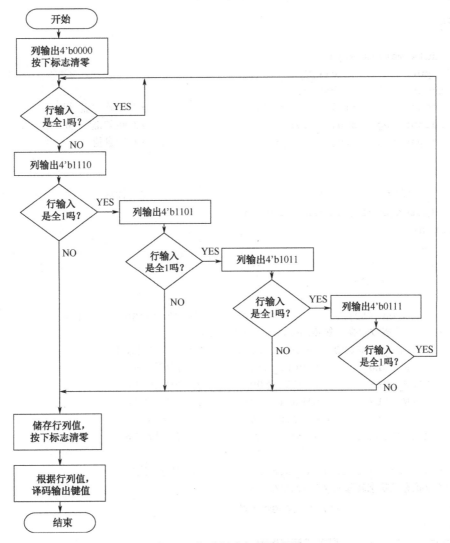

图 2.28　矩阵键盘扫描流程图

二、模块符号

图 2.29 所示为矩阵键盘接口控制模块符号。

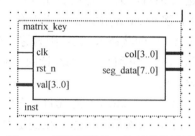

图 2.29　矩阵键盘接口控制模块符号

val 接 keyin，col 接 keyout，seg_data 接 led 灯。

三、源码

```
module matrix Key(
  input          clk,
  input          rst n,
  input    [3:0]     val,          // 矩阵键盘 行
  output reg [3:0]   col,          // 矩阵键盘 列
  output reg [7:0]   seg_data      // 键盘值
  );

  reg    [19:0]    cnt;            // 计数
always @ (posedge clk, negedge rst n)
  if (!rst n)
    cnt <= 0;
  else
    cnt <= cnt + 1'b1;

wire key clk = cnt[19];           // (2^20/50M = 21)ms
/////////////// 状态数较少，独热码编码//////////////
parameter NO_KEY_PRESSED = 6'b000_001;    // 没有按键按下
parameter SCAN_COL0     = 6'b000_010;    // 扫描第0列
parameter SCAN_COL1     = 6'b000_100;    // 扫描第1列
parameter SCAN_COL2     = 6'b001_000;    // 扫描第2列
parameter SCAN_COL3     = 6'b010_000;    // 扫描第3列
parameter KEY_PRESSED   = 6'b100_000;    // 有按键按下

reg [5:0] current_state, next_state;      // 现态、次态
//////////状态机状态转移//////////
always @ (posedge key clk, negedge rst n)
  if (!rst n)
    current state <= NO KEY PRESSED;
  else
```

```
      current state <= next state;
///////////根据条件转移状态//////////
always @ *
  case (current state)
    NO_KEY_PRESSED :                        // 没有按键按下
       if (val != 4'hF)
         next state = SCAN COL0;
       else
         next state = NO KEY PRESSED;
    SCAN_COL0 :                             // 扫描第0列
       if (val != 4'hF)
         next state = KEY PRESSED;
       else
         next state = SCAN COL1;
    SCAN_COL1 :                             // 扫描第1列
       if (val != 4'hF)
         next state = KEY PRESSED;
       else
         next state = SCAN COL2;
    SCAN_COL2 :                             // 扫描第2列
       if (val != 4'hF)
         next state = KEY PRESSED;
       else
         next state = SCAN COL3;
    SCAN_COL3 :                             // 扫描第3列
       if (val != 4'hF)
         next state = KEY PRESSED;
       else
         next state = NO KEY PRESSED;
    KEY_PRESSED :                           // 有按键按下
       if (val != 4'hF)
         next state = KEY PRESSED;
       else
         next state = NO KEY PRESSED;
  endcase

reg      key_pressed_flag;                  // 键盘按下标志
reg [3:0] col_val, row_val;                 // 列值、行值

///////////根据次态，给相应寄存器赋值//////////
always @ (posedge key clk, negedge rst n)
  if (!rst n)
    begin
      col             <= 4'h0;
      key pressed flag <= 0;
    end
```

```
    else
      case (next state)
        NO_KEY_PRESSED :                              // 没有按键按下
            begin
                    col             <= 4'h0;
                    key_pressed_flag <=0;         // 清键盘按下标志
            end
        SCAN_COL0 :                    // 扫描第0列
            col <= 4'b1110;
        SCAN_COL1 :                    // 扫描第1列
            col <= 4'b1101;
        SCAN_COL2 :                    // 扫描第2列
            col <= 4'b1011;
        SCAN_COL3 :                    // 扫描第3列
            col <= 4'b0111;
        KEY_PRESSED :                    // 有按键按下
          begin
            col_val             <= col;       // 锁存列值
            row_val             <= val;       // 锁存行值
            key_pressed_flag    <= 1;       // 置键盘按下标志
          end
      endcase
/////////输出键值/////////
     always @ (posedge key clk, negedge rst n)
  if (!rst n)
    8'h0;
  else
    if (key pressed flag)
      seg data<= {col val, row val};
endmodule
```

 项目实施

一、编辑调试模块代码

（1）启动 Quartus II 开发环境，执行"File"→"New Project Wizard"命令，新建工程，依据向导提示指定工程目录名为"..\matrix_Key"，工程名为"matrix_Key"，顶层实体名为"matrix_Key"，指定目标芯片为"EP2C35F672C8"。

（2）执行"File"→"New"命令，向当前工程中添加 Verilog HDL 文件，在文本编辑区输入"矩阵键盘控制"模块源代码，并以"matrix_Key.v"为文件名保存到工程文件夹根目录下。

（3）执行"Processing"→"Start Compilation"命令或单击 ▶ 图标开始编译。如果编译报错，可根据错误提示重新检查并修改程序，直到编译成功。

二、分配引脚

1. 新建 tcl 脚本文件

执行"File"→"New"命令或单击口图标,在弹出的对话框中选择"Design Files"→"Tcl Script Files"选项后,单击"OK"按钮,然后在文本编辑区输入引脚分配描述脚本,检查无误后单击🖫图标并以"matrix_Key.tcl"为文件名保存该脚本文件。

2. Run tcl 文件

在 Quartus II 主界面执行"Tools"→"Tcl Scripts"命令,如图 2.6 所示。

在弹出的"Tcl Scripts"对话框选中刚才新建的"matrix_Key.tcl"脚本文件,然后单击"Run"按钮,分配成功后,在弹出"Quartus II"提示框中单击"OK"按钮关闭提示框,返回"Tcl Scripts"对话框后单击"OK"按钮完成引脚分配。

三、配置

在 Quartus II 主界面执行"Assignments"→"Devices"命令,在弹出"Devices"配置对话框中单击"Device and Pin Options"按钮,然后在弹出"目标芯片属性"对话框的左侧选择"Configuration"选项,然后在该对话框右侧"Use configuration device:"栏的下拉菜单中选择"EPCS16"选项,单击"OK"按钮完成配置。

四、编译

在 Quartus II 主界面执行"Processing"→"Start Compilation"命令或单击▶图标开始编译。如果编译报错,可根据错误提示重新检查引脚分配或目标芯片设置,直到编译成功。

五、下载

1. 硬件连接

先把下载器 10 针接口一端与实训平台的"JTAG"接口相连,另一端经 USB 数据线与计算机相连,检查无误后给实验板供上电。

2. 选择下载硬件

在 Quartus II 主界面执行"Tools"→"Programmer"命令或单击🖳图标,在弹出"Programmer"对话框的左上角单击"Hardware Setup"按钮,然后在弹出"下载硬件设置"对话框的"Currently selected hardware:"栏中的下拉菜单中选择"USB-Blaster[USB-0]"选项,然后单击"Close"按钮关闭对话框完成下载硬件设置。

3. 下载

在"Programmer"对话框中,首先选中"Mode"栏下拉菜单的"JTAG"选项,然后单击"Add File"按钮导入"matrix_Key.sof"文件,在确认"Program/Configure"栏目打"√"后,单击"Start"按钮,完成下载。

下载成功后,根据设计要求检查项目效果。

 拓展练习

编程实现将按下的键所在的行号、列号显示在数码管上。

项目 9　LCD1602 控制器设计

项目要求

一、项目任务

◆ 设计一个 LCD1602 控制器电路，并在 LCD1602 上显示"Hello World!"。

◆ 分配 I/O 引脚，编程下载并观察电路效果。

二、实训设备

◆ 带有 Quartus II 软件的计算机一台。

◆ SP-FGCE11A FPGA 实训平台以及电源线、下载线。

◆ LCD1602 一块。

三、学习目标

◆ 理解 LCD1602 工作原理。

◆ 掌握控制 LCD1602 显示数据的方法。

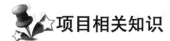

项目相关知识

一、LCD1602 原理

1．LCD1602 简介

市面上字符液晶绝大多数是基于 HD44780 液晶芯片的，控制原理是完全相同的，因此 HD44780 编写的控制程序可以很方便地应用于市面上大部分的字符型液晶。字符型 LCD 通常有 14 条引脚线或 16 条引脚线的 LCD，多出来的 2 条线是背光电源线 VCC(15 脚)和地线 GND(16 脚)，其控制原理与 14 脚的 LCD 完全一样。HD44780 内置了 DDRAM、CGROM 和 CGRAM。DDRAM 就是显示数据 RAM，用来寄存待显示的字符代码。共 80 个字节。也就是说想要在 LCD1602 屏幕的第一行第一列显示一个"A"字，就要向 DDRAM 的 00H 地址写入"A"字的代码就行了。但具体的写入是要按 LCD 模块的指令格式来进行的。一行可有 40 个地址，在 1602 中就用前 16 个就行了。第二行也一样用前 16 个地址。

2．引脚说明

下面用的是 16 引脚的，表 2.1 所示为其各引脚接口说明。

表 2.1　LCD1602 各引脚接口说明

编号	符号	引脚说明	编号	符号	引脚说明
1	VSS	地	9	D2	数据
2	VDD	电源	10	D3	数据
3	VL	液晶显示偏压	11	D4	数据
4	RS	数据命令选择	12	D5	数据
5	R/W	读/写选择	13	D6	数据
6	E	使能信号	14	D7	数据
7	D0	数据	15	BLA	背光源正极
8	D1	数据	16	BLK	背光源负极

（1）第 1 脚：VSS 为地电源。

（2）第 2 脚：VDD 接 5V 正电源。

（3）第 3 脚：VL 为液晶显示器对比度调整端，接正电源时对比度最弱，接地时对比度最高，对比度过高时会产生"鬼影"，使用时可以通过一个 10kΩ 的电位器调整对比度。

（4）第 4 脚：RS 为寄存器选择，高电平时选择数据寄存器、低电平时选择指令寄存器。

（5）第 5 脚：R/W 为读/写信号线，高电平时进行读操作，低电平时进行写操作。当 RS 和 R/W 共同为低电平时可以写入指令或者显示地址，当 RS 为低电平、R/W 为高电平时可以读忙信号，当 RS 为高电平、R/W 为低电平时可以写入数据。

（6）第 6 脚：E 端为使能端，当 E 端由高电平跳变成低电平时，液晶模块执行命令。

（7）第 7～14 脚：D0～D7 为 8 位双向数据线。

（8）第 15 脚：背光源正极。

（9）第 16 脚：背光源负极。

3．指令说明

表 2.2 所示为控制 LCD1602 各指令说明。

表 2.2　LCD1602 各指令说明

序号	指令	RS	R/W	D7	D6	D5	D4	D3	D2	D1	D0
1	清显示	0	0	0	0	0	0	0	0	0	1
2	光标返回	0	0	0	0	0	0	0	0	1	*
3	置输入模式	0	0	0	0	0	0	0	1	I/D	S
4	显示开/关控制	0	0	0	0	0	0	1	D	C	B
5	光标或字符移位	0	0	0	0	0	1	S/C	R/L	*	*
6	置功能	0	0	0	0	1	DL	N	F	*	*
7	置字符发生存储器地址	0	0	0	1	字符发生存储器地址					
8	置数据存储器地址	0	0	1	显示数据存储器地址						
9	读忙标志或地址	0	1	BF	计数器地址						
10	写数到 CGRAM 或 DDRAM	1	0	要写的数据内容							
11	从 CGRAM 或 DDRAM 读数	1	1	读出的数据内容							

（1）指令 1：清显示，指令码 01H，光标复位到地址 00H 位置。

（2）指令 2：光标复位，光标返回到地址 00H。

（3）指令3：光标和显示模式设置。I/D：光标移动方向，高电平右移，低电平左移。S：屏幕上所有文字是否左移或者右移，高电平表示有效，低电平则无效。

（4）指令4：显示开关控制。D：控制整体显示的开与关，高电平表示开显示，低电平表示关显示；C：控制光标的开与关，高电平表示有光标，低电平表示无光标；B：控制光标是否闪烁，高电平闪烁，低电平不闪烁。

（5）指令5：光标或显示移位。S/C：高电平时移动显示的文字，低电平时移动光标。

（6）指令6：功能设置命令。DL：高电平时为4位总线，低电平时为8位总线；N：低电平时为单行显示，高电平时双行显示；F：低电平时显示5×7的点阵字符，高电平时显示5×10的点阵字符。

（7）指令7：字符发生器RAM地址设置。

（8）指令8：DDRAM地址设置。

（9）指令9：读忙信号和光标地址。BF：为忙标志位，高电平表示忙，此时模块不能接收命令或者数据，如果为低电平表示不忙。

（10）指令10：写数据。

（11）指令11：读数据。

表2.3所示为与HD44780相兼容的芯片时序。

表2.3　与HD44780相兼容的芯片时序

读状态	输入	RS=L，R/W=H，E=H	输出	D0～D7=状态字
写指令	输入	RS=L，R/W=L，D0～D7=指令码，E=高脉冲	输出	无
读数据	输入	RS=H，R/W=H，E=H	输出	D0～D7=数据
写数据	输入	RS=H，R/W=L，D0～D7=数据，E=高脉冲	输出	无

4．显示原理简介

在PC上只要打开文本文件就能在屏幕上看到对应的字符，是因为在操作系统里和BIOS里都固化有字符字模。什么是字模？字模就是代表了在点阵屏幕上点亮和熄灭的信息数据。

图2.30所示为"A"的字模。

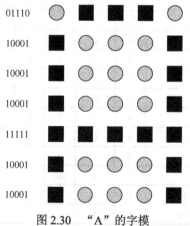

图2.30　"A"的字模

图2.30左边的数据就是字模数据，右边就是将左边数据用"○"代表0，用"■"代表1。

在文本文件中"A"字的代码是 41H，PC 收到 41H 的代码后就去字模文件中将代表 A 字的这一组数据送到显卡去点亮屏幕上相应的点，这时就可以在屏幕上看到"A"这个字了。

想要在 LCD1602 屏幕的第一行第一列显示一个"A"字，就要向 DDRAM 的 00H 地址写入"A"字的代码 41H 就行了，可 41H 这一个字节的代码如何才能让 LCD 模块在屏幕的阵点上显示"A"字呢？同样，在 LCD 模块上也固化了字模存储器，这就是 CGROM 和 CGRAM。HD44780 内置了 192 个常用字符的字模，存于字符产生器 CGROM（Character Generator ROM）中，另外还有 8 个允许用户自定义的字符产生 RAM，称为 CGRAM（Character Generator RAM）。

5. 本实验程序中初始化设置举例

知道一些基本操作时序后，如何让 LCD 显示字符呢？写数据之前要进行初始化。

```
case(counter)
    1:dat='h38;
    2:dat='h08;
    3:dat='h01;
    4:dat='h06;
    5:dat='h0c;
    6:
        begin
            dat='hc0;
            state=write_data;
            counter=0;
        end
    default: counter=0;
endcase
```

上面是截取的本实验的一部分代码，功能是初始化 LCD。

（1）写指令 38H：显示模式设置。

（2）写指令 08H：显示关闭。

（3）写指令 01H：显示清屏。

（4）写指令 06H：显示光标移动设置。

（5）写指令 0CH：显示开及光标设置。

设置好后就能写数据了，写数据的模式上面也有介绍，大家可以自己查看一下。

二、模块符号

图 2.31 所示为 LCD1602 控制器模块符号。

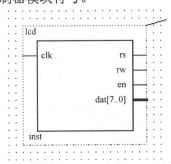

图 2.31　LCD1602 控制器模块符号

三、源码

```verilog
module lcd 1602(clk,rs,rw,en,dat);
    input       clk;
    output      rs,rw,en;
    output      [7:0]      dat;
    reg         rs,rw;
    wire            en;
    reg         [7:0]      dat;
    reg         [3:0]      counter;
    reg         [1:0]      state;
    reg         [15:0]     count;
    reg         clkr;
    parameter   init=0,write data=1;
    assign      en=clkr;
//////////LCD1602时钟输出/////////
    always @(posedge clk)
        begin
            count=count+1;
            if(count==16'h000f)
            clkr=~clkr;
        end

always@(posedge clkr)
    begin
            case(state)
                init:                                   //初始化液晶屏
                    begin
                    rs=0;rw=0;
                    counter=counter+1;
                    case(counter)
                        1:dat='h38;
                        2:dat='h08;
                        3:dat='h01;
                        4:dat='h06;
                        5:dat='h0c;
                        6:
                            begin
                                dat='hc0;
                                state=write data;
                                counter=0;
                            end
                        default: counter=0;
                    endcase
                end
                write_data:                             //写入显示字符
                    begin
```

```
                                    rs=1;
                                    case(counter)
                                        0:dat="H";
                                        1:dat="e";
                                        2:dat="l";
                                        3:dat="l";
                                        4:dat="o";
                                        5:dat=" ";
                                        6:dat="w";
                                        7:dat="o";
                                        8:dat="r";
                                        9:dat="l";
                                        10:dat="d";
                                        11:dat="!";
                                        12:
                                        begin
                                            rs=0;  dat='hc0;
                                        end
                                        default: counter=0;
                              endcase
                              if(counter==12)
                              counter=0;
                              else
                                        counter=counter+1;
                                    end
                              default: state=init;
                          endcase
                      end
                  endmodule
```

 项目实施

一、编辑调试模块代码

（1）启动 Quartus II 开发环境，执行"File"→"New Project Wizard"命令，新建工程，依据向导提示指定工程目录名为"..\lcd_1602"，工程名为"lcd_1602"，顶层实体名为"lcd_1602"，指定目标芯片为"EP2C35F672C8"。

（2）执行"File"→"New"命令，向当前工程中添加 Verilog HDL 文件，在文本编辑区输入"LCD1602 显示控制"源代码，并以"lcd_1602.v"为文件名保存到工程文件夹根目录下。

（3）执行"Processing"→"Start Compilation"命令或单击 ▶ 图标开始编译。如果编译报错，可根据错误提示重新检查并修改程序，直到编译成功。

二、分配引脚

1. 新建 tcl 脚本文件

执行"File"→"New"命令或单击▯图标，在弹出的对话框中选择"Design Files"→"Tcl Script Files"选项后，单击"OK"按钮，然后在文本编辑区输入引脚分配描述脚本，检查无误后单击▯图标并以"lcd_1602.tcl"为文件名保存该脚本文件。

2. Run tcl 文件

在 Quartus II 主界面执行"Tools"→"Tcl Scripts"命令，如图 2.6 所示。

在弹出的"Tcl Scripts"对话框选中刚才新建的"lcd_1602.tcl"脚本文件，然后单击"Run"按钮，分配成功后，在弹出"Quartus II"提示框中单击"OK"按钮关闭提示框，返回"Tcl Scripts"对话框后单击"OK"按钮完成引脚分配。

三、配置

在 Quartus II 主界面执行"Assignments"→"Devices"命令，在弹出"Devices"配置对话框中单击"Device and Pin Options"按钮，然后在弹出"目标芯片属性"对话框的左侧选择"Configuration"选项，然后在该对话框右侧"Use configuration device："栏的下拉菜单中选择"EPCS16"选项，单击"OK"按钮完成配置。

四、编译

在 Quartus II 主界面执行"Processing"→"Start Compilation"命令或单击▶图标开始编译。如果编译报错，可根据错误提示重新检查引脚分配或目标芯片设置，直到编译成功。

五、下载

1. 硬件连接

先把下载器 10 针接口一端与实训平台的"JTAG"接口相连，另一端经 USB 数据线与计算机相连，检查无误后给实验板供上电。

2. 选择下载硬件

在 Quartus II 主界面执行"Tools"→"Programmer"命令或单击▯图标，在弹出"Programmer"对话框的左上角单击"Hardware Setup"按钮，然后在弹出"下载硬件设置"对话框"Currently selected hardware："栏中的下拉菜单中选择"USB-Blaster[USB-0]"选项，然后单击"Close"按钮关闭对话框，完成下载硬件设置。

3. 下载

在"Programmer"对话框中，首先选中"Mode"栏下拉菜单的"JTAG"选项，然后单击"Add File"按钮导入"lcd_1602.sof"文件，在确认"Program/Configure"栏目打"√"后，单击"Start"按钮，完成下载。

下载成功后，根据设计要求检查项目效果。

 拓展练习

自己编写程序在 LCD1602 的第一行显示自己的姓名拼音，第二行显示自己的学号。

项目 10 ADC0809 控制设计

项目要求

一、项目任务

◆ 设计一个 ADC0809 控制器电路，实现模拟输入电压信号经 ADC0809 转换为数字信号后，输出 8 路电平控制 8 个 LED 灯亮灭。

◆ 分配 I/O 引脚，编程下载并观察电路效果。

二、实训设备

◆ 带有 Quartus II 软件的计算机一台。

◆ SP-FGCE11A FPGA 实训平台以及电源线、下载线。

三、学习目标

◆ 掌握 FPGA 控制 ADC0809 转换的时序。

◆ 巩固有限状态机的编程方法。

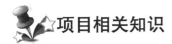

项目相关知识

一、ADC0809 转换原理

ADC0809 是带有 8 位 A/D 转换器、8 路多路开关以及微处理机兼容的控制逻辑的 CMOS 组件。它是逐次逼近式 A/D 转换器。

1. ADC0809 引脚结构

（1）引脚图。图 2.32 所示为 ADC0809 引脚图。

```
         ┌────────────┐
  1 ─── IN3    ○   IN2 ─── 28
  2 ─── IN4        IN1 ─── 27
      ─── IN5        IN0 ───
      ─── IN6        A   ───
      ─── IN7        B   ───
      ─── ST         C   ───
      ─── EOC        ALE ───
      ─── D3         D7  ───
      ─── OE         D6  ───
      ─── CLK        D5  ───
      ─── VCC        D4  ───
      ─── VR+        D0  ───
 13 ─── GND        VR- ─── 16
 14 ─── D1         D2  ─── 15
         └────────────┘
```

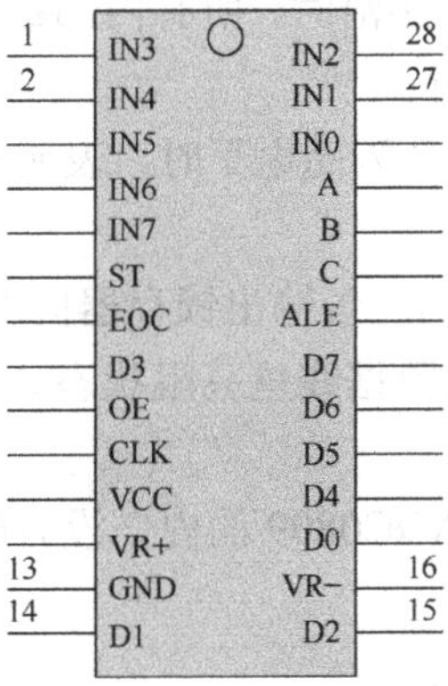

图 2.32 ADC0809 引脚图

（2）引脚功能。表2.4所示为ADC0809各引脚功能说明。

表2.4 ADC0809各引脚功能

引脚	功能说明	引脚	功能说明
D7～D0	8位数字量输出	ALE	地址锁存信号
IN7～IN0	8位模拟量输入	EOC	转换结束信号
VCC	电源输入线	OE	允许输出控制端
GND	地	CLK	时钟信号
VR+	参考电压正端	A,B,C	地址输入
VR-	参考电压负端	ST	A/D转换启动信号

ADC0809对输入模拟量要求：信号单极性，电压范围是0～5V，若信号太小，必须进行放大；输入的模拟量在转换过程中应该保持不变，如若模拟量变化太快，则需在输入前增加采样保持电路。

①ALE为地址锁存允许输入线，高电平有效。当ALE线为高电平时，地址锁存与译码器将A、B、C三条地址线的地址信号进行锁存，经译码后被选中的通道的模拟量经转换器进行转换。

②A、B和C为地址输入线，用于选通IN0～IN7上的一路模拟量输入。通道选择表如表2.5所示。

表2.5 模拟输入通道选择表

C	B	A	选择的通道
0	0	0	IN0
0	0	1	IN1
0	1	0	IN2
0	1	1	IN3
1	0	0	IN4
1	0	1	IN5
1	1	0	IN6
1	1	1	IN7

③ST为转换启动信号。当ST上跳沿时，所有内部寄存器清零；下跳沿时，开始进行A/D转换；在转换期间，ST应保持低电平。

④EOC为转换结束信号。当EOC为高电平时，表明转换结束；否则，表明正在进行A/D转换。

⑤OE为输出允许信号，用于控制三条输出锁存器向FPGA输出转换得到的数据。OE=1，输出转换得到的数据；OE=0，输出数据线呈高阻状态。

⑥D7～D0为数字量输出线。

⑦CLK为时钟输入信号线。因ADC0809的内部没有时钟电路，所需时钟信号必须由外界提供，通常使用频率为500kHz。

⑧VR+、VR-为参考电压输入。

2. 电路原理图

图 2.33 所示为 ADC 芯片和 FPGA 电路连接图。

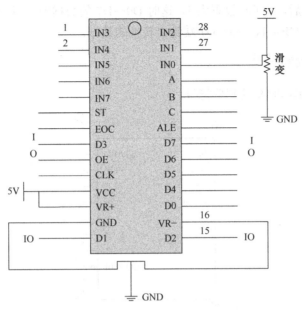

图 2.33　ADC 芯片和 FPGA 电路连接图

（1）A、B、C 接 FPGA 的 I/O 口，这里 IN1～IN7 空出，只用 IN0，所以 A、B、C 赋值为 000，选择 IN0。

（2）IN0 接滑动变阻器，通过改变电压作为模拟输入。

（3）D0～D7 分别接实验箱上的 8 个 LED 灯，控制 LED 亮灭。

（4）VR+、VR-是参考电压输入，VR-接地，VR+接 5V 电压，这样，当 IN0 输入 0V 时，D0～D7 输出 00000000；当 IN0 输入 5V 时，D0～D7 输出 11111111。

（5）ST、EOC、OE、CLK、ALE 为控制引脚，接 FPGA 的 I/O 口。

（6）CLK 为 500kHz，通过 FPGA 的 50MHz 时钟分频得到。

3. 工作时序

图 2.34 所示为 ADC0809 工作时序。

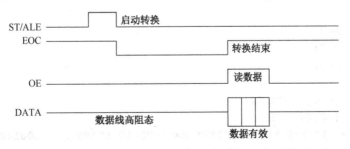

图 2.34　ADC0809 工作时序

（1）给 START 一个正脉冲。当上升沿时，所有内部寄存器清零。下降沿时，开始进行 A/D 转换；在转换期间，START 保持低电平，ALE 可以采用同样时序。

（2）EOC 为转换结束信号。在上述的 A/D 转换期间，可以对 EOC 进行不断检测，当 EOC 为高电平时，表明转换工作结束。否则，表明正在进行 A/D 转换。

当 A/D 转换结束后，将 OE 设置为 1，这时 D0～D7 的数据便可以读取了。OE＝0，D0～D7 输出端为高阻态；OE＝1，D0～D7 端输出转换的数据。

二、ADC0809 控制器符号

图 2.35 所示为 ADC0809 控制器符号。

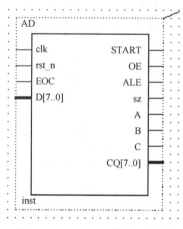

图 2.35　ADC0809 控制器符号

三、源码

```
module AD 0809(clk,rst n,EOC,START,OE,ALE,sz,A,B,C,D,Q);

output      START,OE,ALE,A,B,C,sz;
input       EOC,clk,rst n;
input[7:0]  D;
output   [7:0]  Q;

reg         START,OE,ALE,sz;
reg      [7:0]  Q;

assign  A=0;
assign  B=0;
assign  C=0;

reg      [4:0]  CS,NS;
reg      [20:0] cnt;
parameter  IDLE=5'b00001,START H=5'b00010,START L=5'b00100,
        CHECK END=5'b01000,LOC DATA=5'b10000,GET DATA=5'b10001;

always   @(posedge clk)
begin
```

```verilog
    if(cnt>=100)
    begin
        sz<=!sz;
        cnt<=0;
        CS<=NS;
    end
    else
      begin
    cnt<=cnt+1;

end
end
always@(posedge clk)
 begin
  case(CS)
     IDLE:
         NS=START_H;
     START_H:
         NS=START_L;
     START_L:
         NS=CHECK_END;
     CHECK_END:
         if(EOC)
             NS=LOC_DATA;
         else
             NS=CHECK_END;
      LOC_DATA:
         NS=GET_DATA;
     GET_DATA:
             NS=IDLE;
     default:
             NS=IDLE;
     endcase
  end

always  @(posedge clk)
   begin
   case(NS)
     IDLE:
     begin
         OE<=0;
         START<=0;
         ALE<=0;
     end
     START_H:
     begin
```

```
              OE<=0;
              START<=1;
              ALE<=1;
          end
          START L:
          begin
              OE<=0;
              START<=0;
              ALE<=1;
          end
          CHECK END:
          begin
              OE<=0;
              START<=0;
              ALE<=0;
          end
          LOC DATA:
          begin
              OE<=1;
              //Q<=D;
              START<=0;
              ALE<=0;
          end
          GET DATA:
          begin
              //OE<=1;
              Q<=D;
              //START<=0;
              //ALE<=0;
          end
          default:
          begin
              OE<=0;
              START<=0;
              ALE<=0;
          end
      endcase
  end
endmodule
```

 项目实施

一、编辑调试模块代码

（1）启动 Quartus II 开发环境，执行"File"→"New Project Wizard"命令，新建工程，

依据向导提示指定工程目录名为"..\AD_0809",工程名为"AD_0809",顶层实体名为"AD_0809",指定目标芯片为"EP2C35F672C8"。

（2）执行"File"→"New"命令，向当前工程中添加 Verilog HDL 文件，在文本编辑区输入"ADC0809 控制"模块源代码，并以"AD_0809.v"为文件名保存到工程文件夹根目录下。

（3）执行"Processing"→"Start Compilation"命令或单击 ▶ 图标开始编译。如果编译报错，可根据错误提示重新检查并修改程序，直到编译成功。

二、分配引脚

1. 新建 tcl 脚本文件

执行"File"→"New"命令或单击□图标，在弹出的对话框中选择"Design Files"→"Tcl Script Files"选项后，单击"OK"按钮，然后在文本编辑区输入引脚分配描述脚本，检查无误后单击┛图标并以"AD_0809.tcl"为文件名保存该脚本文件。

2. Run tcl 文件

在 Quartus II 主界面执行"Tools"→"Tcl Scripts"命令，如图 2.6 所示。

在弹出的"Tcl Scripts"对话框中选中刚才新建的"AD_0809.tcl"脚本文件，然后单击"Run"按钮，分配成功后，在弹出"Quartus II"提示框中单击"OK"按钮关闭提示框，返回"Tcl Scripts"对话框后单击"OK"按钮完成引脚分配。

三、配置

在 Quartus II 主界面执行"Assignments"→"Devices"命令，在弹出"Devices"配置对话框中单击"Device and Pin Options"按钮，然后在弹出"目标芯片属性"对话框的左侧选择"Configuration"选项，然后在该对话框右侧"Use configuration device:"栏的下拉菜单中选择"EPCS16"选项，单击"OK"按钮完成配置。

四、编译

在 Quartus II 主界面执行"Processing"→"Start Compilation"命令或单击 ▶ 图标开始编译。如果编译报错，可根据错误提示重新检查引脚分配或目标芯片设置，直到编译成功。

五、下载

1. 硬件连接

先把下载器 10 针接口一端与实训平台的"JTAG"接口相连，另一端经 USB 数据线与计算机相连，检查无误后给实验板供上电。

2. 选择下载硬件

在 Quartus II 主界面执行"Tools"→"Programmer"命令或单击 图标，在弹出"Programmer"对话框左上角单击"Hardware Setup"按钮，然后在弹出"下载硬件设置"对话框的"Currently selected hardware:"栏中的下拉菜单中选择"USB-Blaster[USB-0]"选项，然后单击"Close"按钮关闭对话框，完成下载硬件设置。

3. 下载

在"Programmer"对话框中，首先选中"Mode"栏下拉菜单的"JTAG"选项，然后单击"Add File"按钮导入"AD_0809.sof"文件，在确认"Program/Configure"栏目打"√"后，单击"Start"按钮，完成下载。

下载成功后，根据设计要求检查项目效果。

 拓展练习

实现数码管显示滑动变阻器分得的电压值。

项目 11 DAC0832 控制设计

项目要求

一、项目任务

◆ 设计一个 DAC0832 的数/模转换控制器，它通过 FPGA 的 I/O 口给 DAC0832 的 8 个输入端输入数字信号，再经 D/A 转换后输出锯齿波。

◆ 分配 I/O 引脚，编程下载并观察电路效果。

二、实训设备

◆ 带有 Quartus II 软件的计算机一台。

◆ SP-FGCE11A FPGA 实训平台以及电源线、下载线。

三、学习目标

◆ 理解 DAC0832 转换原理。

◆ 掌握 FPGA 控制 DAC0832 转换的时序。

◆ 掌握 DAC0832 数/模转换控制器的编程方法。

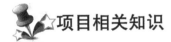项目相关知识

一、DAC0832 转换原理

DAC0832 是采样频率为 8 位的 D/A 转换器件，下面介绍一下该器件的电路原理方面的知识。

1. DAC0832 引脚结构

（1）引脚图。图 2.36 所示为 DAC0832 引脚图。

$$
\begin{array}{|c|c|}
\hline
1 \quad CS & VCC \quad 20 \\
2 \quad WR1 & ILE \quad 19 \\
AGND & WR2 \\
D3 & XFER \\
D2 & D4 \\
D1 & D5 \\
D0 & D6 \\
VREF & D7 \\
9 \quad VFB & OUT2 \quad 12 \\
10 \quad DGND & OUT1 \quad 11 \\
\hline
\end{array}
$$

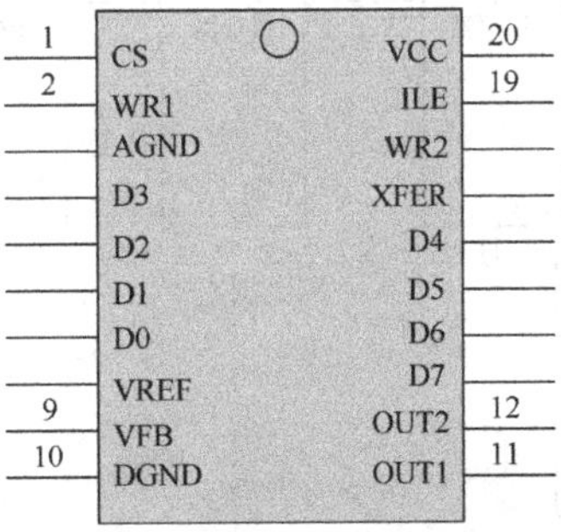

图 2.36　DAC0832 引脚图

（2）引脚功能。表 2.6 所示为 DAC0832 各引脚功能说明。

表 2.6　DAC0832 各引脚功能

引脚	功能说明	引脚	功能说明
D7~D0	数据输入线	WR1	输入寄存器选通输入端
OUT1，OUT2	电流输出	WR2	DAC 寄存器选通输入端
VCC	电源输入线	ILE	数据锁存信号输入端
AGND	模拟地	DGND	数字地
VREF	参考电压输入线	XFER	数据传送控制信号输入端
VFB	反馈信号输入线	CS	片选信号输入线

①D0~D7：8 位数据输入线，TLL 电平。

②ILE：数据锁存允许控制信号输入线，高电平有效。

③CS：和 ILE 组合决定 WR1 是否起作用。

④WR1：为输入寄存器的写选通信号，作为第一级锁存信号，将 8 位输入锁存输入寄存器（此时 WR1 必须和 CS，ILE 同时有效）。

⑤XFER：数据传送控制信号输入线，低电平有效，用来控制 WR2。

⑥WR2：为 DAC 寄存器写选通输入线，将输入寄存器中的数据锁存 DAC 寄存器（此时 WR2 和 XFER 必须同时有效）。

⑦OUT1：电流输出线；当输入全为 1 时 OUT1 电流输出最大，全为 0 时电流输出为 0。

⑧OUT2：电流输出线；其值与 OUT1 之和为一常数。

⑨RFB：反馈信号输入线；芯片内部有反馈电阻。

⑩VCC：电源输入线（+5~+15V）。

⑪VREF：基准电压输入线（−10~+10 V）。

⑫AGND：模拟地；模拟信号和基准电源的参考地。

⑬DGND：数字地；两种地线在基准电源处共地比较好。

2. 三种工作方式

图 2.37 所示为 DAC0832 内部结构。

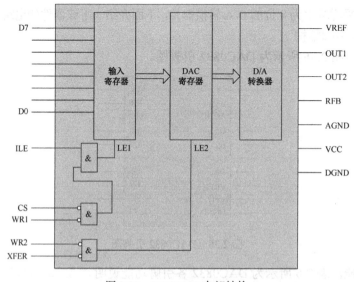

图 2.37　DAC0832 内部结构

DAC0832 内部有两级寄存器，第一级是输入寄存器，第二级是 DAC 寄存器，第一级寄存器的输出是第二级寄存器的输入。第一级由 ILE、CS、WR1 控制；第二级由 WR2 和 XFER 控制。当 ILE 为高电平，CS、WR1 为低电平时，LE1 为高电平，此时输入寄存器直通，输出随输入变化，相当于导线；此后，当 WR1 由低电平变高电平时，LE1 为低电平，数据被锁入输入寄存器，此时输入寄存器的输出不随输入改变。

对于 DAC 寄存器，当 XFER 和 WR2 同时为低电平时，LE2 为高电平，DAC 寄存器的输出随输入而变化；此后，当 WR2 由低电平变高电平时，LE2 为低电平，数据被锁入 DAC 寄存器，此时输入寄存器的输出不随输入改变。

因此按照如何使用两个寄存器来分，可以有三种工作方式。

（1）单缓冲方式：只用输入寄存器，而把 DAC 寄存器接成直通方式。具体地说，就是 WR2 和 XFER 同时为低电平，这样 DAC 寄存器直通，直通时相当于一条导线。ILE 置高电平，CS 置低电平，这样通过给 WR 负脉冲来控制输入寄存器。此方式适用一路模拟量输出或几路模拟量异步输出的情况。

（2）双缓冲方式：就是两级寄存器都用上，控制第一级寄存器接收外部数据，然后再控制第二级寄存器接收第一级寄存器的数据，经过两次缓存。具体地说，就是 ILE 置高电平，CS 置低电平，这样通过给 WR 负脉冲来控制输入寄存器；XFER 置低电平，这样通过给 WR2 负脉冲来控制 DAC 寄存器。此方法适用多个 D/A 转换同步输出的情况。

（3）直通方式：ILE 置高电平，WR1、CS、WR2、XFER 置低电平，这样两级寄存器都工作在直通模式。此方式适用连续反馈控制电路。

3. 电路原理图

（1）转换器内部结构。图 2.38 所示为 DAC0832 转换器内部结构。

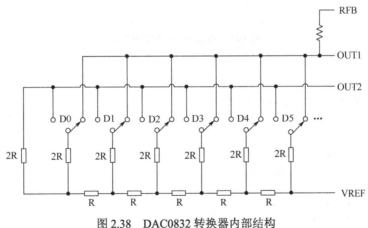

图 2.38　DAC0832 转换器内部结构

（2）电路连接。图 2.39 所示为 DAC0832 与 FPGA 和外部运放连接图。

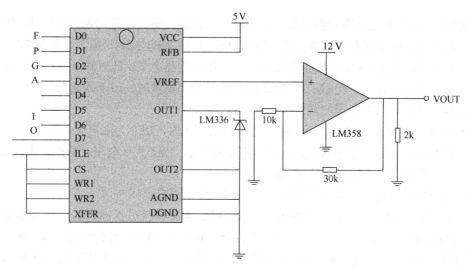

图 2.39　DAC0832 与 FPGA 和外部运效连接图

二、DAC0832 控制器符号

图 2.40 所示为 DAC0832 控制器符号。

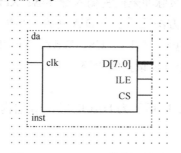

图 2.40　DAC0832 控制器符号

三、源码

```
module DA 0832(clk,D,ILE,CS);

input           clk;
output   [7:0]  D;
output          ILE,CS;

reg      [7:0]  D;
reg      [50:0] cnt;

assign ILE=1;
assign CS=0;

always@(posedge clk)
begin
  if(cnt>=5000)
```

```
    begin
        if(D>=8'b11111111)
        begin
            D<=0;

        end
        else
        begin
            D<=D+1;

        end
            cnt<=0;
    end
    else
        cnt<=cnt+1;
end
endmodule
```

 项目实施

一、编辑调试模块代码

（1）启动 Quartus II 开发环境，执行"File"→"New Project Wizard"命令，新建工程，依据向导提示指定工程目录名为"..\DA_0832"，工程名为"DA_0832"，顶层实体名为"DA_0832"，指定目标芯片为"EP2C35F672C8"。

（2）执行"File"→"New"命令，向当前工程中添加 Verilog HDL 文件，在文本编辑区输入"DAC0832 控制"模块源代码，并以"DA_0832.v"为文件名保存到工程文件夹根目录下。

（3）执行"Processing"→"Start Compilation"命令或单击▶图标开始编译。如果编译报错，可根据错误提示重新检查并修改程序，直到编译成功。

二、分配引脚

1. 新建 tcl 脚本文件

执行"File"→"New"命令或单击▢图标，在弹出的对话框中选择"Design Files"→"Tcl Script Files"选项后，单击"OK"按钮，然后在文本编辑区输入引脚分配描述脚本，检查无误后单击🖫图标并以"DA_0832.tcl"为文件名保存该脚本文件。

2. Run tcl 文件

在 QuartusII 主界面执行"Tools"→"Tcl Scripts"命令，如图 2.6 所示。

在弹出的"Tcl Scripts"对话框选中刚才新建的"DA_0832.tcl"脚本文件，然后单击"Run"按钮，分配成功后，在弹出"Quartus II"提示框中单击"OK"按钮关闭提示框，返回"Tcl Scripts"对话框后单击"OK"按钮完成引脚分配。

三、配置

在 Quartus II 主界面执行"Assignments"→"Devices"命令，在弹出"Devices"配置对话框中单击"Device and Pin Options"按钮，然后在弹出"目标芯片属性"对话框的左侧选择"Configuration"选项，然后在该对话框右侧"Use configuration device："栏的下拉菜单中选择"EPCS16"选项，单击"OK"按钮完成配置。

四、编译

在 Quartus II 主界面执行"Processing"→"Start Compilation"命令或单击▶图标开始编译。如果编译报错，可根据错误提示重新检查引脚分配或目标芯片设置，直到编译成功。

五、下载

1．硬件连接

先把下载器 10 针接口一端与实训平台的"JTAG"接口相连，另一端经 USB 数据线与计算机相连，检查无误后给实验板供上电。

2．选择下载硬件

在 Quartus II 主界面执行"Tools"→"Programmer"菜单命令或单击 图标，在弹出"Programmer"对话框的左上角单击"Hardware Setup"按钮，然后在弹出"下载硬件设置"对话框的"Currently selected hardware："栏中的下拉菜单中选择"USB-Blaster[USB-0]"选项，然后单击"Close"按钮关闭对话框，完成下载硬件设置。

3．下载

在"Programmer"对话框中，首先选中"Mode"栏下拉菜单的"JTAG"选项，然后单击"Add File"按钮导入"DA_0832.sof"文件，在确认"Program/Configure"栏目打"√"后，单击"Start"按钮，完成下载。

下载成功后，根据设计要求检查项目效果。

 拓展练习

编程实现三角波的生成。

FPGA 技术综合设计项目

本模块选取了 4 个综合设计项目，主要介绍了运用自顶向下的数字电路设计方法设计较复杂的数字电路或系统，在设计小规模的数字电路或系统时，建议用原理图输入方式设计顶层模块，即把要调用的子模块全部转换成 BSF 文件后导入到顶层模块中，再根据功能和端口定义进行电气连接。在设计大规模数字系统时，用原理图模式很难描述顶层模块，建议用模块实例化方式设计，便于模块之间的调用。

项目1 多功能数字时钟设计

 项目要求

一、项目任务

◆ 采用自顶向下方法设计比较复杂数字系统。

◆ 设计具有准确计时、校时、整点报时和闹铃等功能数字电子时钟。

◆ 分配 I/O 引脚，编程下载并观察电路效果。

二、实训设备

◆ 带有 Quartus II 软件的计算机一台。

◆ SP-FGCE11A FPGA 实训平台以及电源线、下载线。

三、学习目标

◆ 理解自顶向下设计方法。

◆ 实现数字电子时钟的计时、校时、整点报时和闹铃等功能。

◆ 掌握原理图顶层设计和程序模块设计相结合的设计方法。

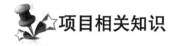

一、自顶向下的设计方法

所谓自顶向下设计模式，是当前采用 EDA 技术（如 VHDL 行为描述加 FPGA 目标器件现场实现）进行设计的最常用的模式，就是设计者首先从整体上规划整个系统的功能和性能，然后对系统进行划分，分解为规模较小、功能较为简单的局部模块，并确立它们之间的相互关系，这种划分过程可以不断地进行下去，直到划分得到的单元可以映射到物理实现。图 3.1 所示的是自顶向下与自底向上两种设计方法的比较。

二、数字钟的功能要求

设计一个具有时、分、秒计时的电子钟电路，按 24 小时制计时。要求：

（1）准确计时，以数字形式显示时、分、秒的时间；

（2）具有分、时校正功能，校正输入脉冲频率为 1Hz；

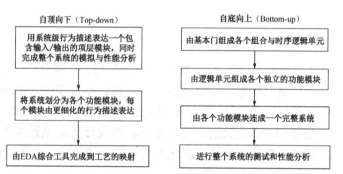

图 3.1 自顶向下与自底向上的比较

（3）具有仿广播电台整点报时的功能，即每逢 59 分 51 秒、53 秒、55 秒及 57 秒时，发出 4 声 500Hz 低音，在 59 分 59 秒时发出一声 1kHz 高音，它们的持续时间均为 1 秒。最后一声高音结束的时刻恰好为正点时刻。

（4）具有定时闹钟功能，且最长闹铃时间为 1 分钟。要求可以任意设置闹钟的时、分；闹铃信号为 500Hz 和 1kHz 的方波信号，两种频率的信号交替输出，且均持续 1s。设置一个停止闹铃控制键，可以停止输出闹铃信号。

三、顶层设计

采用自顶向下的设计方法，首先根据数字时钟的功能要求进行顶层设计和分析，用 FPGA 实现系统的计时、显示驱动、按键输入处理、仿广播电台整点报时和闹钟的功能。根据实训平台的硬件资源情况，输入信号包括时钟输入和按键输入，其中系统时钟由实训平台核心板 50MHz 晶振提供，拔码开关作为校时、闹钟时间设置和复位的信号输入，输出信号包括蜂鸣器控制输出、8 位动态数码管位选和段选控制输出。

参考顶层模块框图如图 3.2 所示。

数字电子时钟系统主要有分频器模块、消抖模块、计时模块、整点报时和闹铃模块和显示驱动模块构成。

四、模块

1. 顶层模块

顶层模块结构图如图 3.3 所示

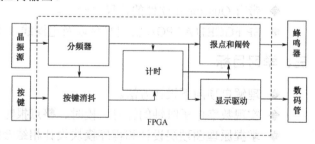

图 3.2 数字电子时钟顶层模块框图

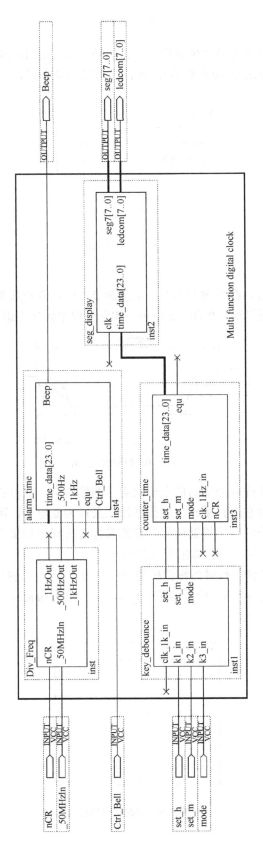

图 3.3 顶层模块结构图

2. 分频器模块

分频模块的主要功能是为其他模块提供时钟信号。输入端口：50MHz 的时钟信号；输出端口：1Hz、500Hz 和 1kHz 三种频率的时钟信号，如图 3.4 所示。

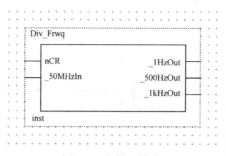

图 3.4 分频器模块

3. 按键消抖模块

作为机械开关的键盘，在按键操作时，机械触点的弹性及电压突跳等原因，在触点闭合或开启的瞬间会出现电压抖动，如图 3.5 所示。实际应用中如果不进行处理将会造成误触发。

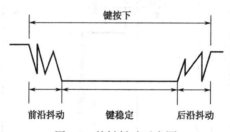

图 3.5 按键抖动示意图

按键去抖动关键在于提取稳定的低电平状态，滤除前沿、后沿抖动毛刺。对于一个按键信号，可以用一个脉冲对它进行采样。如果连续三采样为低电平，可以认为信号已经处于键稳定状态，这时输出一个低电平按键信号。继续采样的过程中如果不能满足连续三次采样为低，则认为键稳定状态结束，这时输出变为高电平。

按键消抖模块功能是消除校时按键的机械抖动，输入端口：消抖时钟，按键 K1，K2 和 K3；输出端口：校时信号 set_h，校分信号 set_m，显示模式 mode。

消抖模块如图 3.6 所示。

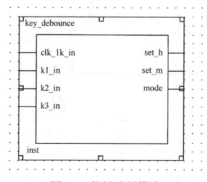

图 3.6 按键消抖模块

4. 计时模块

计时模块是数字钟的主体电路，包括正常计时、对时间进行校正、设置闹钟时间和判断闹铃等功能。输入端口：clk_1Hz_in，秒计时脉冲输入；mode，校时和闹钟设置功能切换信号输入；set_h，set_m，校时和闹钟设置信号；nCR，复位信号。输出端口：time_data，时分秒BCD码输出；equ，闹铃标志。计时模块如图 3.7 所示。

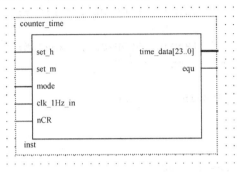

图 3.7　计时模块

5. 显示模块

显示模块参考模块二中的数码管动态扫描项目。显示模块如图 3.8 所示。

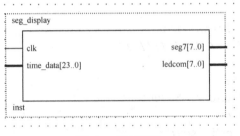

图 3.8　显示模块

6. 报点和闹铃模块

报点和闹铃模块功能有两个，一是实现仿电台正点按照 4 低音 1 高音的顺序发出间断声音，以最后一声结束时的时刻为正点时刻；二是当设定的闹铃时间和数字钟当前的时间相等时，驱动蜂鸣器电路"闹时"，闹铃时间长为一分钟，为了能随时关掉闹铃声音，设置了一个控制键 Ctrl_Bell。报点和闹铃模块如图 3.9 所示。

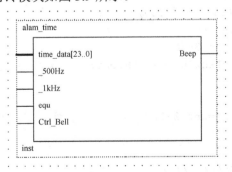

图 3.9　报点和闹铃模块

五、源码

```verilog
//////////分频器模块//////////
module  Div Freq( 1HzOut,  500HzOut, 1kHzOut, nCR,  50MHzIn);
input               50MHzIn;
input           nCR;
output                  1HzOut, 500HzOut, 1kHzOut;

reg                     1HzOut, 500HzOut, 1kHzOut;
reg     [31:0] cnt 1,cnt 2,cnt 3;

always@(posedge  50MHzIn or negedge nCR)
 begin
     if(!nCR)
         cnt 1<=0;
     else if(cnt 1>=25000000)
         begin
             cnt 1<=0;
              1HzOut<=~ 1HzOut;
         end
         else
             cnt 1<=cnt 1+1;
     ///////////////////////////
     if(!nCR)
         cnt 2<=0;
         else if(cnt 2>=50000)
             begin
                 cnt 2<=0;
                  500HzOut<=~ 500HzOut;
             end
         else
             cnt 2<=cnt 2+1;
     ///////////////////////////
     if(!nCR)
         cnt 3<=0;
         else if(cnt 3>=25000)
             begin
                 cnt 3<=0;
                  1kHzOut<=~ 1kHzOut;
             end
         else
             cnt 3<=cnt 3+1;
         end
     endmodule
//////////消抖模块//////////
module key debounce(clk 1k in,k1 in,k2 in,k3 in,set h,set m,mode);
input                   clk_1k_in;
```

```
input                        k1 in,k2 in,k3 in;
output                       set h,set m,mode;
reg          [2:0]           dout1,dout2,dout3;
assign       {set h,set m,mode}=(dout1|dout2|dout3);
always@(posedge clk 1k in)
    begin
    dout1<={k1 in,k2 in,k3 in};
    dout2<=dout1;
    dout3<=dout2;
    end
Endmodule
/////////////计时，校时，闹钟设置模块//////////
module counter time(set h,set m,mode,clk 1Hz in,time data,nCR,equ);
input                 clk 1Hz in,nCR;
input                 set h,set m,mode;
output       [23:0]   time data;
output                equ;
reg          [5:0]    hour,minute,second;
reg          [5:0]    hour alarm,minute alarm;
assign       time data[23:20]=mode?hour/10:hour alarm/10,
             time data[19:16]=mode?hour%10:hour alarm%10,
             time data[15:12]=mode?minute/10:minute alarm/10,
             time data[11:8]=mode?minute%10:minute alarm%10,
             time data[7:4]=mode?second/10:0,
             time data[3:0]=mode?second%10:0;
assign       equ=({hour,minute}=={hour alarm,minute alarm});
always@(posedge clk 1Hz in or negedge nCR)
 if (!nCR)
 begin
    {hour,minute,second}<=24'd0;
    {hour alarm,minute alarm}<=16'd0;
    end
    else
        case(mode)
        1'b1:
            case({set h,set m})
                2'b00:{hour,minute,second}<={hour,minute,second};
                2'b10:if(hour==6'd23)hour<=6'd0; elsehour<=hour+6'd1;
                2'b01:if(minute==6'd59)minute<=6'd0;else minute<=minut
                    e+6'd1;
                2'b11:
                    if(second==6'd59)
                        begin
                            second<=6'd0;
                            if(minute==6'd59)
                                    begin
```

```verilog
                                                minute<=1'd0;
                                                if(hour==6'd23)
                                                        hour<=1'd0;
                                                else
                                                        hour<=hour+1'd1;
                                        end
                                else
                                        minute<=minute+1'd1;
                        end
                else
                        second<=second+1'd1;
        endcase
1'b0:
        begin
                if(~set h) hour alarm<=hour alarm;
                        else if(hour alarm==6'd23) hour alarm<=0;
                        else hour alarm<=hour alarm+6'd1;
                        ////////////////////////////////    /////
                if(~set m) minute alarm<=minute alarm;
                        else if(minute alarm==6'd59) minute alarm<=0;
                        else minute alarm<=minute alarm+6'd1;
                        /////////////////////////////////////////
                if(second==6'd59)
                        begin
                                second<=6'd0;
                                if(minute==6'd59)
                                        begin
                                                minute<=1'd0;
                                                if(hour==6'd23)
                                                        hour<=1'd0;
                                                else
                                                        hour<=hour+1'd1;
                                        end

                                else
                                        minute<=minute+1'd1;
                        end
                else
                        second<=second+1'd1;
        end
    endcase
    endmodule
//////////整点报时和闹钟模块/////////
module alarm time (Beep ,time data,  500Hz, 1kHz,equ,Ctrl Bell);
    input                      1kHz,  500Hz,equ,Ctrl Bell;
    input       [23:0]      time_data;
```

```
                output                          Beep;
                reg                             Beep;
            always @(time data or equ)

            if(equ==1'b1)
        Beep=Ctrl Bell?(((time data[0]==1'b1)&& 500Hz)||((time data[0]==1'b0)&&
1kHz)):1'b0;
                    //Beep <=  500Hz;
            else if (time data[15:8]==8'h59)
                case (time data[15:8])
                    8'h51,
                    8'h53,
                    8'h55,
                    8'h57:    Beep<=  500Hz;
                    8'h59:    Beep<=  1kHz;
                    default:  Beep <=1'b0;
                endcase
            else Beep <=1'b0;
            endmodule
///////////数码管扫描显示模块//////////
module seg display(clk,seg7,ledcom,time data);
input                    clk;
input        [23:0]      time data;
output       [7:0]       seg7;
output       [7:0]       ledcom;
reg          [7:0]       seg7;
reg          [20:0]      cnt;
reg          [7:0]       ledcom;
reg          [3:0]            dis data;
always@(posedge clk)
        cnt<=cnt+1;
always@(cnt)
  case(cnt[16:14])
      3'b000:ledcom<=8'b00000001;
      3'b001:ledcom<=8'b00000010;
      3'b010:ledcom<=8'b00000100;
      3'b011:ledcom<=8'b00001000;
      3'b100:ledcom<=8'b00010000;
      3'b101:ledcom<=8'b00100000;
      3'b110:ledcom<=8'b01000000;
      3'b111:ledcom<=8'b10000000;
  endcase
always@(cnt)
  case(cnt[16:14])
  3'b000:dis data<=time data[3:0];
  3'b001:dis_data<=time_data[7:4];
```

```
       3'b010:dis data<=4'HF;
       3'b011:dis data<=time data[11:8];
       3'b100:dis data<=time data[15:12];
       3'b101:dis data<=4'HF;
       3'b110:dis data<=time data[19:16];
       3'b111:dis data<=time data[23:20];
     endcase
   always
     case(dis data)
       4'b0000:
           seg7<=8'b1100 0000;
       4'b0001:
           seg7<=8'b1111 1001;
       4'b0010:
           seg7<=8'b1010 0100;
       4'b0011:
           seg7<=8'b1011 0000;
       4'b0100:
           seg7<=8'b1001 1001;
       4'b0101:
           seg7<=8'b1001 0010;
       4'b0110:
           seg7<=8'b1000 0010;
       4'b0111:
           seg7<=8'b1111 1000;
       4'b1000:
           seg7<=8'b1000 0000;
       4'b1001:
           seg7<=8'b1001 1000;
       4'b1111:
           seg7<=8'b1111 1110;
       default:seg7<=8'b1111 1111;
     endcase
   endmodule
```

 项目实施

采用自顶向下的方法设计小规模的数字系统设计时，一般采用原理图顶层设计和程序模块设计相结合的设计方法。具体操作步骤如下：

一、编辑调试模块代码

（1）启动 Quartus II 开发环境，执行"File"→"New Project Wizard"命令，新建工程，依据向导提示指定工程目录名为"..\exp27_clock"，工程名为"exp27_clock"，顶层实体名为

"exp27_clock"，指定目标芯片为"EP2C35F672C8"。

（2）执行"File"→"New"命令，向当前工程中添加 Verilog HDL 文件，在文本编辑区输入"多功能数字时钟"源代码，并以"clock.v"为文件名保存到工程文件夹根目录下。

（3）把"clock.v"文件中的"分频器模块"、"消抖模块"、"显示模块"、"计时模块"和"闹钟和报时模块"创建原理图子模块文件，方法参考模块一介绍的创建原理图模块符号的方法。

（4）创建顶层模块。

①新建原理图文件。在"Quartus II"主窗口中执行"File"→"New"命令，在弹出的"New"对话框中选择"Design Files"→"Block Diagram/Schematic File"选项，然后单击"OK"按钮完成新建原理图文件。执行"File"→"Save as"命令，以"exp27_clock.bdf"为文件名保存，如图 3.10 所示。

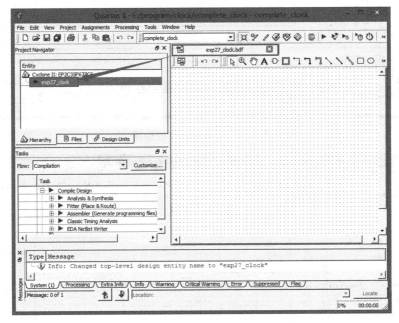

图 3.10　创建顶层原理图模块

注意：新建的原理图文件必须命名为"exp27_clk.bdf"，表示这个原理图文件就是这个工程的顶层实体。

②导入子模块。在原理图编辑区空白处双击，在弹出"调入原理图"对话框的"Libraries"栏中选择"Project"，分别将"分频器模块"、"消抖模块"、"显示模块"、"计时模块"和"闹钟和报时模块"等子模块导入"exp27_clk.bdf"原理图中，效果如图 3.11 所示。具体方法参考模块一的项目 1 中介绍的导入原理图方法。

③模块连接。在图 3.11 中，单击⌐图标，根据信号流向拖动鼠标用导线连接各个模块，连接后的效果如图 3.12 所示。

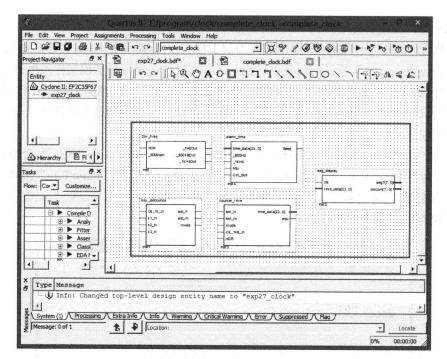

图 3.11　导入子模块原理图

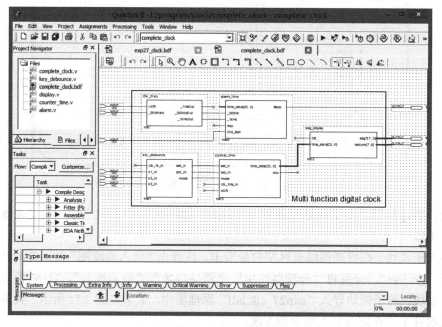

图 3.12　连接导线

　　为了避免连线交叉，可以通过设置导线名称实现多条中断线之间的电气连接，导线名称设置步骤如下：

　　①在图 3.12 中，右击需要设置名称的导线，在弹出如图 3.13 所示的快捷菜单中选择"Properties"选项，再弹出如图 3.14 所示的"节点属性"对话框。

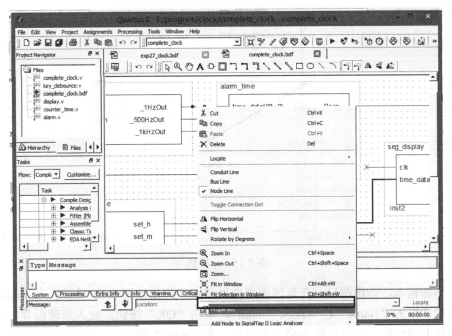

图 3.13 选择 "Properties" 选项

②然后在如图 3.14 所示的 "Node Properties" 对话框中输入导线的名称，单击 "OK" 按钮完成设置。

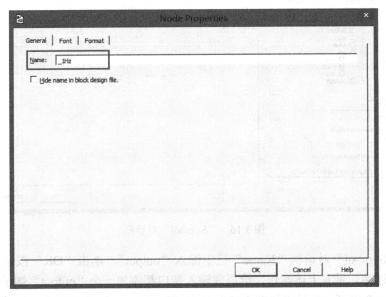

图 3.14 设置导线名称

③相同名称中断线实现电气连接，如图 3.15 所示。

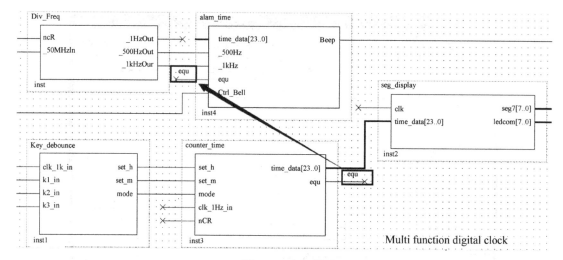

图 3.15　中断线

（5）添加输入、输出端口。在原理图空白处双击，弹出如图 3.16 所示的"Symbol"对话框，在该对话框的"Name"栏中输入"input"，单击"OK"按钮，放入原理图并与相应节点连接。重复上述操作，给原理输入端口都添加一个"input"端子。

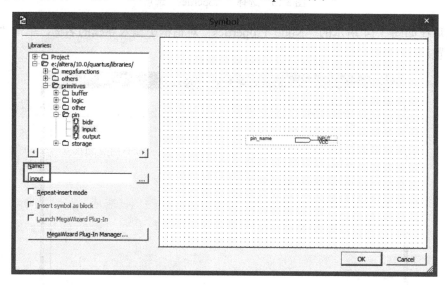

图 3.16　"Symbol"对话框

然后在"Symbol"对话框"Name"栏中键入"output"，单击"OK"按钮，放入原理图并与相应节点连接。重复上述操作，给原理输入端口都添加一个"output"端子。

单击"input"端子，在弹出如图 3.17 所示的"Pin Properties"对话框中修改名字。重复上述操作，修改所有"input"和"output"端子名称。

（6）执行"Processing"→"Start Compilation"命令或单击 ▶ 图标开始编译。如果编译报错，可根据错误提示重新检查并修改程序，直到编译成功。

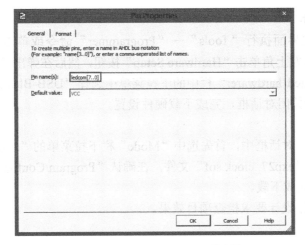

图 3.17 "Pin Properties" 对话框

二、分配引脚

1. 新建 tcl 脚本文件

执行 "File" → "New" 命令或单击 ▯ 图标，在弹出的对话框中选择 "Design Files" → "Tcl Script Files" 选项后，单击 "OK" 按钮，然后在文本编辑区输入引脚分配描述脚本，检查无误后单击 ▦ 图标并以 "exp27_clock.tcl" 为文件名保存该脚本文件。

2. Run tcl 文件

在 Quartus II 主界面执行 "Tools" → "Tcl Scripts" 命令，如图 2.6 所示。

在弹出的 "Tcl Scripts" 对话框选中刚才新建的 "exp27_clock.tcl" 脚本文件，然后单击 "Run" 按钮，分配成功后，在弹出 "Quartus II" 提示框中单击 "OK" 按钮关闭提示框，返回 "Tcl Scripts" 对话框后单击 "OK" 按钮完成引脚分配。

三、配置

在 Quartus II 主界面执行 "Assignments" → "Devices" 命令，在弹出的 "Devices" 配置对话框中单击 "Device and Pin Options" 按钮，然后在弹出的 "目标芯片属性" 对话框左侧选择 "Configuration" 选项，然后在该对话框右侧 "Use configuration device:" 栏的下拉菜单中选择 "EPCS16" 选项，单击 "OK" 按钮完成配置。

四、编译

在 Quartus II 主界面执行 "Processing" → "Start Compilation" 命令或单击 ▶ 图标开始编译。如果编译报错，可根据错误提示重新检查引脚分配或目标芯片设置，直到编译成功。

五、下载

1. 硬件连接

先把下载器 10 针接口一端与实训平台的 "JTAG" 接口相连，另一端经 USB 数据线与计算机相连，检查无误后给实验板供上电。

2. 选择下载硬件

在 Quartus II 主界面执行"Tools"→"Programmer"命令或单击 图标，在弹出的"Programmer"对话框左上角单击"Hardware Setup"按钮，然后在弹出"下载硬件设置"对话框的"Currently selected hardware:"栏中的下拉菜单中选择"USB-Blaster[USB-0]"选项，然后单击"Close"按钮关闭对话框，完成下载硬件设置。

3. 下载

在"Programmer"对话框中，首先选中"Mode"栏下拉菜单的"JTAG"选项，然后单击"Add File"按钮导入"exp27_clock.sof"文件，在确认"Program/Configure"栏目打"√"后，单击"Start"按钮，完成下载。

下载成功后，根据设计要求检查项目效果。

拓展练习

设计一个万年历电路。

项目 2 VGA 图像显示设计

项目要求

一、项目任务

◆ 设计一个 VGA 模块控制器，实现 VGA 能输出横彩条信号。
◆ 分配 I/O 引脚，编程下载并观察电路效果。

二、实训设备

◆ 带有 Quartus II 软件的计算机一台。
◆ SP-FGCE11A FPGA 实训平台以及电源线、下载线。
◆ 带 VGA 接口显示器。

三、学习目标

◆ 理解 VGA 传输原理。
◆ 掌握 FPGA 控制 VGA 输出的方法。

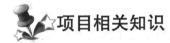

项目相关知识

一、VGA 简介

　　VGA(Video Graphics Array)是 IBM 在 1987 年随 PS2 机一起推出的一种视频传输标准，具有分辨率高、显示速率快、颜色丰富等优点，在彩色显示器领域得到了广泛的应用。VGA 技术的应用还主要基于 VGA 显示卡的计算机、笔记本等设备，而在一些既要求显示彩色高分辨率图像又没有必要使用计算机的设备上，VGA 技术的应用却很少见到。本实验对嵌入式 VGA 显示的实现方法进行了研究。基于这种设计方法的嵌入式 VGA 显示系统，可以在不使用 VGA 显示卡和计算机的情况下，通过 FPGA 实现 VGA 图像的显示和控制。系统具有成本低、结构简单、应用灵活的优点，可广泛应用于超市、车站、飞机场等公共场所的广告宣传和提示信息显示，也可应用于工厂车间生产过程中的操作信息显示，还能以多媒体形式应用于日常生活。

二、VGA 接口引脚图

　　图 3.18 所示为 VGA 接口引脚图。

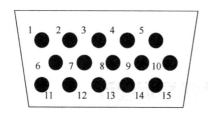
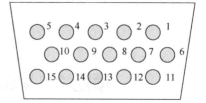

（a）插头   （b）插座

图 3.18　VGA 接口引脚图

表 3.1 所示为 VGA 各引脚功能说明，本项目用到的是 1、2、3、13、14 脚。

表 3.1　VGA 各引脚功能说明

编号	功能说明	符号	编号	功能说明	符号
1	红基色	Red	9	保留（各家定义不同）	
2	绿基色	Green	10	数字地	Gnd
3	蓝基色	Blue	11	地址码	ID
4	地址码	ID	12	地址码	ID
5	自测试（各家定义不同）		13	行同步	HS
6	红地	Gnd	14	场同步	VS
7	绿地	Gnd	15	地址码（各家定义不同）	ID
8	蓝地	Gnd			

三、VGA 时序分析

扫描如同在纸上写字，从纸的左上写到纸的右下（VGA 扫描从屏幕左上到右下），先写第一行（VGA 中称为行扫描）；写到第一行右端时（VGA 中称一个行后期结束），抬起笔回到第二行左端（抬起笔在 VGA 中称为行消隐，消隐不输出三基色信号）；直到写到右下时（一个场周期结束），抬起笔回到左上（同样场消隐）；红黄蓝三基色配合产生 8 种颜色。

1. 水平方向

图 3.19 所示为水平方向扫描时序图。

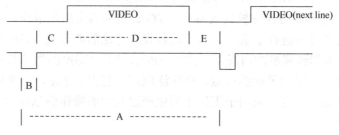

图 3.19　VGA 水平方向扫描时序图

表 3.2 所示为一行周期内各阶段说明。

表 3.2　一行周期内各阶段说明

A(μs)	行周期
B(μs)	行同步脉冲（96 像素）
C(μs)	后沿
D(μs)	有效数据（640 像素）
E(μs)	前沿（16 像素）

A 段为一个行周期。在一个行周期中，只有 D 段期间有三基色信号输出（为 RGB 赋值），前沿、后沿、行同步时间都消隐（RGB 不赋值），无三基色信号输出。在 B 段时间内，行同步信号 HS 输出一个低电平脉冲，来进行扫描同步。

2. 垂直方向

图 3.20 所示为垂直方向扫描时序图。

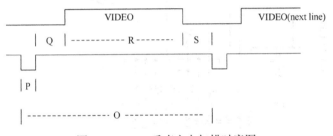

图 3.20　VGA 垂直方向扫描时序图

表 3.3 所示为一场周期内各阶段说明。

表 3.3　一场周期内各阶段说明

O(ms)	场周期
P(ms)	场同步脉冲（2 行）
Q(ms)	后沿
R(ms)	有效数据（480 行）
S(ms)	前沿（11 行）

O 段为一个场周期。在一个行周期中，只有 R 段期间有三基色信号输出（为 RGB 赋值），前沿、后沿、场同步时间都消隐（RGB 不赋值），无三基色信号输出。在 Q 段时间内，场同步信号 VS 输出一个低电平脉冲，来进场扫描同步。

四、硬件电路

图 3.21 所示为实训平台的 VGA 模块电路原理图，从图中可以看出，VGA 接口的 R、G、B 信号由视频数/模转换器 ADV7123 提供，VGA 接口的同步信号则直接由 FPGA 控制输出。ADV7123 是一款单芯片、三通道、高速数模转换器，要使它能正常工作，FPGA 还需正确设置 ADV7123 的 clk 引脚、blank 引脚和 sync 引脚的信号，具体控制方法请查阅芯片资料文件。

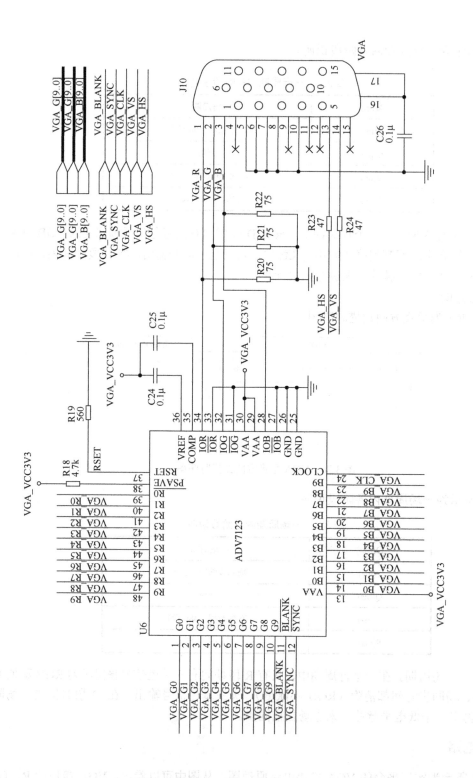

图 3.21　VGA 模块电路图

五、顶层设计

1. 顶层模块

根据项目任务、实训平台的硬件原理图以及 VGA 接口控制时序等要求，顶层实体系统由三个子模块组成，如图 3.22 所示。

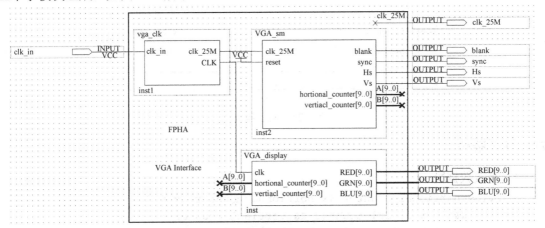

图 3.22　顶层模块图

2. 分频模块

分频模块提供各模块时钟信号及 ADV7123 芯片时钟信号，如图 3.23 所示。

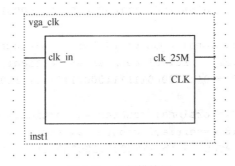

图 3.23　分频模块图

3. 控制模块

控制模块输出 VS、HS 行场同步信号和 ADV7123 芯片控制信号，如图 3.24 所示。

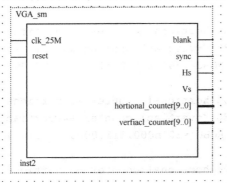

图 3.24　控制模块图

4．显示模块

显示模块产生 RGB 彩色，如图 3.25 所示。

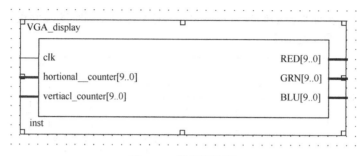

图 3.25　显示模块图

六、程序解析

1．有效数据段

```
if(0<=hortional counter && hortional counter <= 639
    && 0<=vertiacl counter && vertiacl counter <= 60 )
        RGB0 =30'b110011001111110011111100111111;
 else
    if(0<=hortional counter && hortional counter <= 639
        && 61<=vertiacl counter && vertiacl counter <= 120 )
            RGB0 =30'b111001111100000001100000001100;
    else
        if(0<=hortional counter && hortional counter <= 639
            && 121<=vertiacl counter && vertiacl counter <= 180 )
            RGB0 =30'b110000011111000011111111110000;
        else
            if(0<=hortional counter && hortional counter <= 639
            && 181<=vertiacl counter && vertiacl counter <= 240)
                RGB0 =30'b111100111100000111000011100000;
            else
                if(0<=hortional counter && hortional counter <= 639
                && 241<=vertiacl counter && vertiacl counter <= 300 )
                    RGB0 =30'b110000011110000111111000001111;
            else
                if(0<=hortional counter && hortional counter <= 639
                && 301<=vertiacl counter && vertiacl counter <= 360 )
                    RGB0 =30'b100111111100111000001111000000;
        else
            if(0<=hortional counter && hortional counter <= 639
            && 361<=vertiacl counter && vertiacl counter <= 420 )
                RGB0 =30'b000111110000011110000000111111;
        else
            if(0<=hortional counter && hortional counter <= 639
                && 421<=vertiacl counter && vertiacl counter<= 480)
                RGB0 =30'b111100000000111100000000001111;
```

这段程序摘自本实验源码，功能是实现横彩条信号。屏幕上，白黑青绿紫红蓝黑 8 个彩条并排显示。可见显示模式是 640×480，这是在有效数据期间，为 RGB 赋值。

2. 行同步、场同步信号产生

```
//////第一段//////////
if(j==640+16)
        Hs<=0;
    else
        if(j==639+16+96)
            Hs<=1;
        else
            Hs<=Hs;
//////////第二段////////////
if(i==480+11)
        Vs<=0;
    else
        if(i==480+11+2)
            Vs<=1;
        else
            Vs<=Vs;
```

第一段程序功能为产生行同步信号，第二段程序功能为产生场同步信号。

七、源码

```
//////////////////分频模块//////////////////
module vga clk(clk in,clk 25M,CLK);
input    clk in;
output     CLK,clk 25M;
//////////////////////////////
reg        CLK,clk 25M;
integer       i;

always @(posedge clk in)
begin
    if(i= =300000)
    begin
        CLK<=~CLK;
        i<=0;
    end
    else i<=i+1;
end
always @(posedge clk in )
begin
clk 25M<=~clk 25M;
end
endmodule
```

```
////////////////控制模块///////////////////////////////
Module VGA sm(clk 25M,reset,blank,sync,Hs,Vs,hortional counter,vertiacl
counter);

    input           clk 25M,reset;
    output          Hs,Vs;
    output  [9:0]   hortional counter;
    output  [9:0]   vertiacl counter;
    output          blank,sync;

    reg             blank;
    reg             Hs,Vs;
    wire    [9:0]   hortional counter;
    wire    [9:0]   vertiacl counter;
    integer         i,j;
//////////////////////////////////////////////////
always @(posedge clk 25M or negedge reset)
begin
  if(!reset)
  begin
      j<=0;
      i<=0;
  end
  else
      if(j==799)
      begin
          j<=0;
          if(i==520)
              i<=0;
          else
              i<=i+1;
      end
      else
          j<=j+1;
end
//////////////////////////////////////////////////
always @(posedge clk 25M or negedge reset)
begin
  if(!reset)
      Hs<=1;
  else
      if(j==640+16)
          Hs<=0;
      else
          if(j==640+16+96)
              Hs<=1;
```

```
                else
                    Hs<=Hs;
end

always @(posedge clk 25M or negedge reset)
begin
  if(!reset)
     blank<=0;
  else
     if(j==640)
         blank<=0;
     else
         if(j==0)
             blank<=1;
         else
             blank<=blank;
end
/////////////////////////////////////////////
always @(posedge clk 25M or negedge reset)
begin
  if(!reset)
     Vs<=1;
  else
     if(i==480+11)
         Vs<=0;
     else
         if(i==480+11+2)
             Vs<=1;
         else
             Vs<=Vs;
end
/////////////////////////////////////////////
assign    hortional counter = j;
assign    vertiacl counter = i;
assign    sync=Hs^Vs;
endmodule
///////////////RGB颜色模块//////////
ModuleVGA display(clk,RED,GRN,BLU,hortional counter,vertiacl counter);
input          clk;
//input  [11:0]  x1,y1;
input    [9:0]  hortional counter;
input    [9:0]  vertiacl counter;
output   [9:0]  RED,BLU;
output   [9:0]  GRN;
wire     [9:0]  RED,BLU;
```

```
wire      [9:0]    GRN;


reg       [29:0]   RGB;
reg       [29:0]   RGB0,RGB1;
assign    {RED,GRN,BLU} = RGB;


always@(RGB0)
begin
     RGB<=RGB0;
end


///////////////// hortional bar ////////////////////////////////////
always @(hortional counter, vertiacl counter)
begin

if(0<=hortional counter && hortional counter <= 639
 && 0<=vertiacl counter && vertiacl counter <= 60 )
     RGB0 =30'b1100110011111100111111100111111;
else
 if(0<=hortional counter && hortional counter <= 639
    && 61<=vertiacl counter && vertiacl counter <= 120 )
        RGB0 =30'b111001111100000001100000001100;
 else
     if(0<=hortional counter && hortional counter <= 639
        && 121<=vertiacl counter && vertiacl counter <= 180 )
            RGB0 =30'b110000111110000011111111110000;
     else
         if(0<=hortional counter && hortional counter <= 639
            && 181<=vertiacl counter && vertiacl counter <= 240)
                RGB0 =30'b111100111100000111000011100000;
         else
             if(0<=hortional counter && hortional counter <= 639
                && 241<=vertiacl counter && vertiacl counter <= 300 )
                    RGB0 =30'b110000111100001111110000111111;
             else
                 if(0<=hortional counter && hortional counter <= 639
                    && 301<=vertiacl counter && vertiacl counter <= 360 )
                        RGB0 =30'b100111111100111000001111000000;
                 else
                     if(0<=hortional counter && hortional counter <= 639
                        && 361<=vertiacl counter && vertiacl counter <= 420 )
                            RGB0 =30'b000111110000011111000000111111;
                     else
                         if(0<=hortional counter && hortional counter <= 639
                            && 421<=vertiacl_counter && vertiacl_counter <= 480)
```

```
                    RGB0 =30'b111110000000000111110000000001111;
  end
  endmodule
```

 项目实施

一、编辑调试模块代码

（1）启动 Quartus II 开发环境，执行"File"→"New Project Wizard"命令，新建工程，依据向导提示指定工程目录名为"..\VGA"，工程名为"VGA"，顶层实体名为"VGA"，指定目标芯片为"EP2C35F672C8"。

（2）执行"File"→"New"命令，向当前工程中添加 Verilog HDL 文件，在文本编辑区输入"VGA 图像显示"源代码，并以"VGA.v"为文件名保存到工程文件夹根目录下。

（3）把"VGA.v"文件中的"分频器模块"、"控制模块"、"显示模块"创建原理图子模块文件，方法参考模块一介绍的创建原理图模块符号的方法。

（4）创建顶层模块。

①新建原理图文件。在"Quartus II"主窗口中执行"File"→"New"命令，在弹出的"New"对话框中选择"Design Files"→"Block Diagram/Schematic File"选项，然后单击"OK"按钮完成新建原理图文件。执行"File"→"Save as"命令，以"VGA.bdf"为文件名保存。

②导入子模块。在原理图编辑区空白处双击，在弹出"调入原理图"对话框的"Libraries"栏中选择"Project"，分别将"分频器模块"、"控制模块"和"显示模块"等子模块导入"VGA.bdf"原理图中，效果如图 3.11 所示。具体方法参考模块一的项目 1 中介绍的导入原理图方法。

③模块连接。单击┐图标，根据信号流向拖动鼠标用导线连接各个模块，连接后的效果如图 3.22 所示。

（5）添加输入、输出端口。在原理图空白处双击，弹出"Symbol"对话框，在该对话框的"Name"栏中输入"input"，单击"OK"按钮，放入原理图并与相应节点连接。重复上述操作，给原理输入端口都添加一个"input"端子。

然后在"Symbol"对话框"Name"栏中键入"output"，单击"OK"按钮，放入原理图并与相应节点连接。重复上述操作，给原理输入端口都添加一个"output"端子。

单击"input"端子，在弹出的"Pin Properties"对话框中修改名字。重复上述操作，修改所有"input"和"output"端子名称。

二、分配引脚

1. 新建 tcl 脚本文件

执行"File"→"New"菜单命令或单击□图标，在弹出的对话框中选择"Design Files"→"Tcl Script Files"选项后，单击"OK"按钮，然后在文本编辑区输入引脚分配描述脚本，检查无误后单击🖫图标并以".tcl"为文件名保存该脚本文件。

2．Run tcl 文件

在 Quartus II 主界面执行"Tools"→"Tcl Scripts"命令，如图 2.6 所示。

在弹出的"Tcl Scripts"对话框选中刚才新建的".tcl"脚本文件，然后单击"Run"按钮，分配成功后，在弹出"Quartus II"提示框中单击"OK"按钮关闭提示框，返回"Tcl Scripts"对话框后单击"OK"按钮完成引脚分配。

三、配置

在 Quartus II 主界面执行"Assignments"→"Devices"命令，在弹出的"Devices"配置对话框中单击"Device and Pin Options"按钮，然后在弹出"目标芯片属性"对话框左侧单击"Configuration"选项，然后在该对话框右侧"Use configuration device："栏的下拉菜单中选择"EPCS16"选项，单击"OK"按钮完成配置。

四、编译

在 Quartus II 主界面执行"Processing"→"Start Compilation"命令或单击 ▶ 图标开始编译。如果编译报错，可根据错误提示重新检查引脚分配或目标芯片设置，直到编译成功。

五、下载

1．硬件连接

连接好电源线，连接 VGA 接口显示器，下载线接 JTAG 接口，做好准备工作。

2．选择下载硬件

在 Quartus II 主界面执行"Tools"→"Programmer"命令或单击 🖑 图标，在弹出的"Programmer"对话框左上角单击"Hardware Setup"按钮，然后在弹出"下载硬件设置"对话框的"Currently selected hardware:"栏中的下拉菜单中选择"USB-Blaster[USB-0]"选项，然后单击"Close"按钮关闭对话框，完成下载硬件设置。

3．下载

在"Programmer"对话框中，首先选中"Mode"栏下拉菜单的"JTAG"选项，然后单击"Add File"按钮导入"VGA.sof"文件，在确认"Program/Configure"栏目打"√"后，单击"Start"按钮，完成下载。

下载成功后，根据设计要求检查项目效果。

 拓展练习

实现横彩条、竖彩条、棋盘格之间通过按键切换。

项目3 UART 通信接口设计

项目要求

一、项目任务

◆ 设计一个 UART 通信接口电路，实现串口调试助手发送数据给 FPGA，FPGA 再把这个数据反馈给串口调试助手。

◆ 分配 I/O 引脚，编程下载并观察电路效果。

二、实训设备

◆ 带有 Quartus II 软件，串口调试助手软件的计算机一台。

◆ SP-FGCE11A FPGA 实训平台以及电源线、下载线。

◆ 串口线。

三、学习目标

◆ 理解串口数据传输方式。

◆ 理解串口通信数据传输方式

◆ 学会用 FPGA 控制串口收发数据。

◆ 掌握模块实例化方法。

项目相关知识

一、模块实例化方法

分层次的电路设计通常有自顶向下和自底向上两种设计方法，两种方法的区别是自顶向下的设计方法先确定顶层模块，再确定底层子模块，自底向上的设计方法则相反。但是无论通过哪种方法设计完成的电路都是在顶层模块中调用底层子模块，这种在一个上层模块中调用另一个已知底层模块的电路设计方法称为模块实例化。它的基本格式如下：

基本方式：　模块名　实例化名（端口1，端口2，端口3，…，端口n）；

实例化电路端口与被调动模块定义的端口之间的连接有三种对应方式：位置对应调用方式；端口名对应调用方式；存在不连接端口的调用方式（未连端口允许用"，"号空出其位置），这种方式与 C 语言中函数的调用方法有些类似。

（1）位置对应调用方式举例（端口顺序必须对应）：

```
/////////定义半加器模块/////////
module halfadder (S,C,A,B);
  ............
endmodule
/////////全加器模块调用半加器模块//////////////////
module fulladder (S,CO,A,B,Cin);
  input A,B,Cin;
  output S,CO;
  wire S1,D1,D2;
  halfadder HA1 (S1,D1,A,B);      //位置对应方式模块实例化
  halfadder HA2 (S,D2,S1,Cin);    //位置对应方式模块实例化
  or g1(CO,D2,D1);
endmodule
```

（2）端口名对应用调用方式举例（常用）：

```
/////////定义uart_rx模块///////////
module uart rx(
input          clk,
input          rst,
input          rs232 rx,
output  [7:0]  dat receive,
output         ack receive
      );
.......................
endmodule
//////////顶层模块中调用子模块/////////
module txrx(
input   clk,
input   rst,
input   rs232 rx,
output  rs232 tx
    );
wire ack receive;
wire [7:0] dat rx;
/////////////uart_rx被实例化/////////
uart rx U2 uart rx(
    //input signals
    .clk(clk),
    .rst(rst),
    .rs232 rx(rs232 rx),
    //output signals
    .dat receive(dat rx),
    .ack receive(ack receive)
    );
  endmodule
```

二、串口引脚图

UART（Universal Asynchronous Receiver Transmitter，通用异步收发器）是广泛使用的异步串行数据通信协议。

图 3.26 所示为 RS232 引脚图。

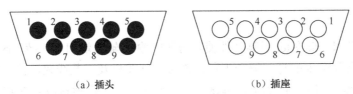

（a）插头   （b）插座

图 3.26　RS232 引脚图

表 3.4 所示为 RS232 引脚说明。

表 3.4　RS232 引脚说明

针号	功能说明	缩写
1	载波检测	DCD
2	接收数据	RX
3	发送数据	TX
4	数据终端准备好	DTR
5	信号地	SG
6	数据准备好	DSR
7	请求发送	RTS
8	清除发送	CTS
9	振铃提示	RI

本实验中只用到 RX、TX、其他引脚没有用到。

三、UART 传输时序

图 3.27 所示为 RS232 传输时序。

图3.27　UART 传输时序

1. 发送数据过程

空闲状态，线路处于高电位；当收到发送数据指令后，拉低线路一个数据位的时间 T，接着数据按低位到高位依次发送，数据发送完毕后，接着发送奇偶校验位和停止位（停止位为高电位），一帧数据发送结束。

2. 接收数据过程

空闲状态，线路处于高电位；当检测到线路的下降沿（线路电位由高电位变为低电位）时说明线路有数据传输，按照约定的波特率从低位到高位接收数据，数据接收完毕后，接着接收并比较奇偶校验位是否正确，如果正确则通知后续设备准备接收数据或存入缓存。

由于 UART 是异步传输，没有传输同步时钟。为了能保证数据传输的正确性，本实验 UART 采用16倍数据波特率的时钟进行采样。每个数据有16个时钟采样，取中间的采样值，以保证采样不会滑码或误码。一般 UART 一帧的数据位数为8位，这样即使每个数据有一个时钟的误差，接收端也能正确地采样到数据。

四、调试

分配 FPGA 引脚，修改 tcl 引脚文件使其与图中输入/输出端口名一致，rx、tx、clk 接对应引脚，其余标志位可接 led 灯。编译工程，连接好开发板及下载线缆，接上电源，下载配置 FPGA，连接串口线，打开 PC 的串口调试工具，发送数据，观察接收到的数据。

图3.28所示为串口助手调试界面。

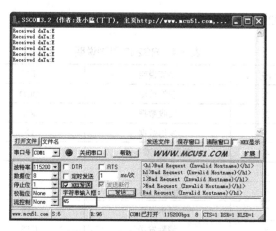

图 3.28　串口助手调试界面

五、源码

```
/////////////顶层模块/////////////////////////////
module txrx(
            input   clk,
            input   rst,
            input   rs232 rx,
            output  rs232 tx
    );

    wire        ack receive;
    wire [7:0]  dat rx;
    //uart tx controller
    uart tx controller    U1 uart tx(
                    //input signals
                    .clk(clk),
                    .rst(rst),
                    .ack receive(ack receive),
                    .dat receive(dat rx),
                    //output signals
```

```
                        .rs232 tx(rs232 tx)
                        );

    //uart rx
    uart rx U2 uart rx(
                        //input signals
                        .clk(clk),
                        .rst(rst),
                        .rs232 rx(rs232 rx),
                        //output signals
                        .dat receive(dat rx),
                        .ack receive(ack receive)
                        );

        endmodule

/**********************************************************************
*Project Name  :uart
*Module  Name :uart rx
*Clkin    :50M
*Descriprion :uart receive
*Additional Comments :baud rate default is 115200bps
**********************************************************************/
module uart rx(
    //input signals
    input         clk,
    input         rst,
    input         rs232 rx,
    //output signals
    output   [7:0]  dat receive,
    output        ack receive
    );

parameter BAUD 115200 NUM=11'd434; //434=(50M)/115200
parameter BAUD 8SAMP NUM=6'd54;
//transmit machine
parameter IDLE=2'd0,   //default
          RECEIVE=2'd1,
          END=2'd2;
wire          downedge rs232 rx;
reg     [1:0]   rx state;
/**********************************************************************
*baud rate produce
*this block produce the clk of baud rate
*counter baud is to divide the frequency by BAUD 115200 NUM
**********************************************************************/
```

```verilog
//counter baud
reg      [10:0]  counter baud;
always @(posedge clk or negedge rst)
 begin
 if(!rst) counter baud<=0;
  else if(counter baud>=BAUD 115200 NUM) counter baud<=0;
      else if(downedge rs232 rx&&(rx state==IDLE)) counter baud<=0;
            else counter baud<=counter baud+1'b1;
 end


//clk baud
reg              clk baud;
always @(posedge clk or negedge rst)
 begin
 if(!rst) clk baud<=0;
      else if(counter baud>=BAUD 115200 NUM) clk baud<=1'b1;
            else clk baud<=1'b0;
 end
/************************************************************************
*baud rate 8 sample
*this block produce the clk of baud rate 8 sample
*counter baud is to divide the frequency by BAUD 8SAMP NUM
*************************************************************************/
reg      [5:0]   counter sampclk;
always @(posedge clk or negedge rst)
 begin
 if(!rst) counter sampclk<=0;
 else if(clk baud) counter sampclk<=0;
     else if(counter sampclk==BAUD 8SAMP NUM) counter sampclk<=0;
         else counter sampclk<=counter sampclk+1'b1;
 end


//clk samp
reg              clk samp;
always @(posedge clk or negedge rst)
 begin
 if(!rst) clk samp<=0;
 else if(counter sampclk==BAUD 8SAMP NUM) clk samp<=1'b1;
     else clk samp<=1'b0;
 end


/************************************************************************
*check the downedge of rs232 rx
*when the downedge appears, the receive state machine begins to work
*************************************************************************/
reg      [1:0]   save_rs232_rx;
```

```verilog
always @(posedge clk or negedge rst)
begin
    if(!rst) save rs232 rx<=0;
    else save rs232 rx<={save rs232 rx[0],rs232 rx};
end
assign downedge rs232 rx=(save rs232 rx==2'b10);

/***********************************************************************
*receive state machine
*in this block, we use oversampling
*take 8 samples and check the data,
*if fours and more are same,we make it the right data
***********************************************************************/
reg     [7:0]   dat rx;
reg     [3:0]   rx counter;
reg     [3:0]   counter receiveh;
reg     [3:0]   counter receivel;
always @(posedge clk or negedge rst)
begin
    if(!rst)
        begin
            rx state<=0;
            rx counter<=0;
            dat rx<=0;
            counter receiveh<=0;
            counter receivel<=0;
        end
else
begin
    case(rx state)
        IDLE:
            begin
                if(downedge rs232 rx)
                    begin
                rx state<=RECEIVE;
                rx counter<=0;
                dat rx<=0;
                counter receiveh<=0;
                counter receivel<=0;
                    end
                else rx state<=IDLE;
            end
        RECEIVE:
            begin
                if(rx counter>4'd9) rx state<=END;
                if(clk_baud) rx_counter<=rx_counter+1'b1;
```

```verilog
                    if((rx counter>=4'd1)&&(rx counter<=4'd8))
                        begin
                            if(clk baud)
                            begin
                                counter receiveh<=0;
                                counter receivel<=0;
                                    if(counter receiveh>counter receivel)
                                            dat rx<={1'b1,dat rx[7:1]};
                                    else
                                    if(counter receiveh<counter receivel)
                                    dat rx<={1'b0,dat rx[7:1]};
                            end
                            else if(clk samp)
                            begin
                                if(rs232 rx)
counter receiveh<=counter receiveh+1'b1;
                                else
counter receivel<=counter receivel+1'b1;
                            end
                    end
                end
            end
            END:rx state<=IDLE;
            default:rx state<=IDLE;
        endcase
        end
 end

/************************************************************************
*dat receive
*************************************************************************/
assign dat receive=(rx state==END)?dat rx:dat receive;

/************************************************************************
*ack receive
*************************************************************************/
assign ack receive=(rx state==END);

endmodule

/************************************************************************
*Project Name  :uart tx controller
*Module  Name :uart tx controller
*Descriprion :uart transmit controller
*Additional Comments :auto transmit every 1s, no care about ack tx
*************************************************************************/
module uart_tx_controller(
```

```verilog
//input signals
input        clk,
input        rst,
input        ack receive,
input  [7:0]   dat receive,
//output signals
output       rs232 tx
      );


/********************************************************************
*req tx
********************************************************************/
wire ack tx;
reg req tx;
reg [4:0] tx num;  //transmit data's counter
always @(posedge clk or negedge rst)
 begin
 if(!rst) req tx<=0;
 else if(ack receive) req tx<=1'b1;
     else if(ack tx&&(tx num<5'd15)) req tx<=1'b1;
         else req tx<=1'b0;
 end
//tx num
always @(posedge clk or negedge rst)
 begin
    if(!rst) tx num<=0;
      else if(ack receive) tx num<=0;
         else if(ack tx) tx num<=tx num+1'b1;
 end


/********************************************************************
*dat tx
********************************************************************/
reg [7:0] dat tx;
always @(posedge clk or negedge rst)
  begin
        if(!rst) dat tx<=0;
        else
  begin
  if(tx num==5'd0) dat tx<=8'h52;         //R
  else if(tx num==5'd1) dat tx<=8'h65;     //e
  else if(tx num==5'd2) dat tx<=8'h63;     //c
  else if(tx num==5'd3) dat tx<=8'h65;     //e
  else if(tx num==5'd4) dat tx<=8'h69;     //i
  else if(tx_num==5'd5) dat_tx<=8'h76;     //v
```

```verilog
    else if(tx num==5'd6) dat tx<=8'h65;      //e
    else if(tx num==5'd7) dat tx<=8'h64;      //d
    else if(tx num==5'd8) dat tx<=8'h20;      //
    else if(tx num==5'd9) dat tx<=8'h64;      //d
    else if(tx num==5'd10) dat tx<=8'h61;      //a
    else if(tx num==5'd11) dat tx<=8'h54;     //t
    else if(tx num==5'd12) dat tx<=8'h61;      //a
    else if(tx num==5'd13) dat tx<=8'h3a;     //:
    else if(tx num==5'd14) dat tx<=dat receive;//dat rx
    else if(tx num==5'd15) dat tx<=8'h0a;     //\n
    end
    end

//uart tx
uart tx U1 uart tx(
    //input signals
    .clk(clk),
    .rst(rst),
    .dat tx(dat tx),
    .req tx(req tx),
    //output signals
    .ack tx(ack tx),
        .rs232 tx(rs232 tx)
    );

endmodule

/*******************************************************************
*Project Name  :uart tx
*Module  Name :uart tx
*Clkin    :50M
*Descriprion :uart transmit
*Additional Comments :baud rate default is 115200bps
*******************************************************************/
module    uart tx(
//input signals
input    clk,
input    rst,
input [7:0] dat tx,
input    req tx,
//output signals
output    ack tx,
output    rs232 tx
    );

parameter BAUD_115200_NUM=11'd434; //434=(50M)/115200
```

```verilog
//transmit machine
parameter IDLE=2'd0,   //default
    TRANSMIT=2'd1,
    WAIT=2'd3,
    END=2'd2;
/**********************************************************************
*baud rate produce
*this block produce the clk of baud rate
*counter baud is to divide the frequency by BAUD 115200 NUM
**********************************************************************/
//counter baud
reg [10:0] counter baud;
always @(posedge clk or negedge rst)
 begin
     if(!rst) counter baud<=0;
     else if(counter baud>=BAUD 115200 NUM) counter baud<=0;
         else counter baud<=counter baud+1'b1;
 end

//clk baud
reg clk baud;
always @(posedge clk or negedge rst)
 begin
     if(!rst) clk baud<=0;
     else if(counter baud>=BAUD 115200 NUM) clk baud<=1'b1;
         else clk baud<=1'b0;
 end

/**********************************************************************
*transmit machine
*in the normal time, this state machine is in the idle mode
*when tx req is vilid,the get into transmit mode
**********************************************************************/
//check the upedge of req tx
reg [1:0] save req tx;
wire upedge req tx;
always @(posedge clk or negedge rst)
 begin
     if(!rst) save req tx<=0;
     else save req tx<={save req tx[0],req tx};
 end
assign upedge req tx=(save req tx==2'b10);

//data transmit
reg [7:0] data transmit;
always @(posedge clk or negedge rst)
```

```
      begin
          if(!rst) data transmit<=0;
          else if(upedge req tx) data transmit<=dat tx;
      end


reg [1:0] tx state;
reg [4:0] tx counter;
reg rs232 tx r;
always @(posedge clk or negedge rst)
 begin
      if(!rst)
          begin
              tx state<=IDLE;
              tx counter<=0;
              rs232 tx r<=1'b1;
          end
  else
          begin
              case(tx state)
                  IDLE:
  begin
  rs232 tx r<=1'b1;
  if(req tx)
   begin
   tx state<=TRANSMIT;
   tx counter<=0;
   end
  else tx state<=IDLE;
  end
                  TRANSMIT:
  if(clk baud)
  begin
  tx counter<=tx counter+1'b1;
  if(tx counter>5'd9)
   begin
   tx state<=WAIT;
   tx counter<=0;
   end
  else if(tx counter==5'd0) rs232 tx r<=1'b0;
  else if(tx counter==5'd9) rs232 tx r<=1'b1;
  else rs232 tx r<=data transmit[tx counter-1'b1];
  end
                  WAIT:
  begin
  if(tx counter==5'd4)
   begin
```

```
      tx state<=END;
      tx counter<=0;
      end
    else if(clk baud) tx counter<=tx counter+1'b1;
    end
                 END:tx state<=IDLE;
                 default:tx state<=IDLE;
             endcase
         end
     end
  //rs232 tx
 assign rs232 tx=rs232 tx r;
 //ack tx
 assign ack tx=(tx state==END);
 endmodule
```

 项目实施

一、编辑调试模块代码

（1）启动 Quartus II 开发环境，执行"File"→"New Project Wizard"命令，新建工程，依据向导提示指定工程目录名为"..\txrx"，工程名为"txrx"，顶层实体名为"txrx"，指定目标芯片为"EP2C35F672C8"。

（2）执行"File"→"New"命令，向当前工程中添加 Verilog HDL 文件，在文本编辑区输入"UART 异步通信接口"模块源代码，并以"txrx.v"为文件名保存到工程文件夹根目录下。

（3）执行"Processing"→"Start Compilation"命令或单击 ▶ 图标开始编译。如果编译报错，可根据错误提示重新检查并修改程序，直到编译成功。

二、分配引脚

1. 新建 tcl 脚本文件

执行"File"→"New"命令或单击 □ 图标，在弹出的对话框选择"Design Files"→"Tcl Script Files"选项后，单击"OK"按钮，然后在文本编辑区输入引脚分配描述脚本，检查无误后单击 💾 图标并以"txrx.tcl"为文件名保存该脚本文件。

2. Run tcl 文件

在 Quartus II 主界面执行"Tools"→"Tcl Scripts"命令，如图 2.6 所示。

在弹出的"Tcl Scripts"对话框选中刚才新建的"txrx.tcl"脚本文件，然后单击"Run"按钮，分配成功后，在弹出"Quartus II"提示框中单击"OK"按钮关闭提示框，返回"Tcl Scripts"对话框后单击"OK"按钮完成引脚分配。

三、配置

在 Quartus II 主界面执行"Assignments"→"Devices"命令，在弹出"Devices"配置对

话框中单击"Device and Pin Options"按钮，然后在弹出"目标芯片属性"对话框左侧选择
"Configuration"选项，然后在该对话框右侧"Use configuration device："栏的下拉菜单中选择
"EPCS16"选项，单击"OK"按钮完成配置。

四、编译

在 Quartus II 主界面执行"Processing"→"Start Compilation"命令或单击 ▶ 图标开始编译。如果编译报错，可根据错误提示重新检查引脚分配或目标芯片设置，直到编译成功。

五、下载

1．硬件连接

连接好电源线，串口线，下载线接 JTAG 接口，打开串口调试工具，做好准备工作。

2．选择下载硬件

在 Quartus II 主界面执行"Tools"→"Programmer"命令或单击 图标，在弹出"Programmer"对话框左上角单击"Hardware Setup"按钮，然后在弹出"下载硬件设置"对话框的"Currently selected hardware："栏中的下拉菜单中选择"USB-Blaster[USB-0]"选项，然后单击"Close"按钮关闭对话框，完成下载硬件设置。

3．下载

在"Programmer"对话框中，首先选中"Mode"栏下拉菜单的"JTAG"选项，然后单击"Add File"按钮导入"txrx.sof"文件，在确认"Program/Configure"栏目打"√"后，单击"Start"按钮，完成下载。

下载成功后，根据设计要求检查项目效果。

 拓展练习

编程实现将发送的数据同时显示在数码管上。

项目 4 I^2C 总线接口设计

项目要求

一、项目任务

◆ 设计一个 I^2C 接口芯片 AT24C08 读/写控制器,实现按 sw1 键通过 IIC 总线向存储器写入一个字节,再按 sw2 键读出此字节并将其显示在数码管上。

◆ 分配 I/O 引脚,编程下载并观察电路效果。

二、实训设备

◆ 带有 Quartus II 软件的计算机一台。

◆ SP-FGCE11A FPGA 实训平台以及电源线、下载线。

三、学习目标

◆ 理解 I^2C 总线的数据传输时序。

◆ 掌握针对 I^2C 总线的数据传输时序的编程方法。

项目相关知识

一、I^2C 总线简介

本实验编写读/写控制器,通过 I^2C 总线 EEPROM 向存储器写入一个字节再读出。I^2C(Inter Integrated Circuit)总线采用两线制,由数据线 SDA 和时钟线 SCL 构成。二线制 I^2C CMOS 串行 EEPROM AT24C02/4/8/16 是一种采用 CMOS 工艺制成的串行可用电擦除可编程随机读/写存储器。串行 EEPROM 一般具有两种写入方式,一种是字节写入;另一种是页写入。为了程序简单起见,本实验只实现字节写入功能。I^2C 总线对数据通信时序进行了严格的定义。

二、I^2C 总线特征介绍

I^2C 双向二进制串行总线协议定义如下:只有总线处于"非忙"状态时,才能开始数据传输。在数据传输期间,只要时钟线为高电平,数据线都必须保持稳定,否则数据线上的任何信号都被当成"启动"或"停止"信号。

图 3.29 所示为总线状态的定义。

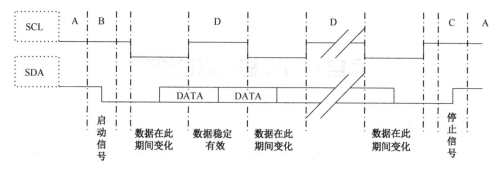

图 3.29　总线状态的定义

1．总线非忙状态（A 段）

数据线 SDA 和时钟线 SCL 都保持高电平。

2．启动数据传输（B 段）

当时钟线（SCL）为高电平时，数据线（SDA）由高电平变为低电平的下降沿被认为是"启动"信号。只有出现"启动"信号，其他的命令才有效。

3．停止数据传输（C 段）

当时钟线为高电平时，数据线的上升沿被认为是"停止"信号。随着"停止"信号出现，所有的外部操作都结束。

4．数据有效（D 段）

在出现"启动"信号后，在时钟线为高电平时数据线是稳定的，这时数据线的状态就是要传送的数据。数据线上的数据改变必须在时钟线为低电平时完成，每位数据占用一个时钟脉冲。每次数据传输都是由"启动"信号开始，结束于"停止"信号。

5．应答信号

EEPROM 接到一个字节后，需要发出一个应答信号。同样，EEPROM 发出一个字节后，会收到一个应答信号。EEPROM 读/写控制器必须产生一个与这个应答位相联系的额外的时钟脉冲。在 EEPROM 的读操作中，EEPROM 读/写控制器对 EEPROM 完成的最后一个字节不产生应答位，但是应该给 EEPROM 一个结束信号。

三、二线制 I²C 串行 EEPROM 读/写操作

1．写操作

所谓 EEPROM 的写操作（字节写入方式），就是通过读/写控制器把一个字节发送到 EEPROM 中指定地址的存储单元。其过程如下：EEPROM 读/写控制器发出"启动"信号后，紧跟着送一个字节，这个字节包括 4 位 I²C 总线器件特征编码 1010 和 3 位 EEPROM 芯片地址/页地址和写状态（0）到总线。收到 EEPROM 产生的应答位后，再发送一个字节的 EEPROM 存储单元地址。收到应答位后，然后送一个字节数据到指定的地址的存储单元。EEPROM 再一次发出应答信号，读/写控制器收到应答信号后，产生"停止"信号。

图 3.30 所示为 EEPROM 字节写入格式。

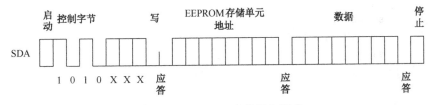

图 3.30　EEPROM 字节写入格式

2. 读操作

本实验读操作读出刚刚写入的一个字节。前面几步（启动信号，控制字节，指定地址）和写操作前几步是一样的，目的都是找到需要写入/读出数据的那个存储单元。后面就不一样了，从第二个"启动"信号开始，读者对比一下，写操作中需要写一个字节数据；而读操作中是先发送一个字节，目的主要是设置为读模式（最后一个比特为1），产生"应答"信号后，然后读出一字节，最后不需要应答，然后是停止位。

图 3.31 所示为 EEPROM 字节读出格式。

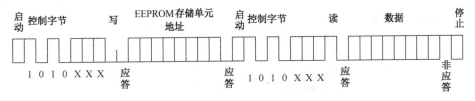

图 3.31　EEPROM 字节读出格式

四、模块符号

图 3.32 所示为 EEPROM 读/写控制器符号。

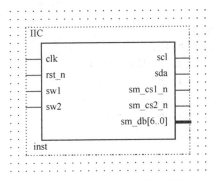

图 3.32　EEPROM 读/写控制器符号

五、源码

```
module IIC(
        clk,
        rst n,
        sw1,
        sw2,
        scl,
        sda,
```

```
            sm cs1 n,
            sm cs2 n,
            sm db
        );

    input clk;          // 50MHz
    input    rst n;
    input    sw1,sw2;
    output   scl;           // 24C02
    inout    sda;           // 24C02

    output   sm cs1 n,sm cs2 n;
    output   [6:0]   sm db;

    wire     [7:0]   dis data;          //16

    iic com      iic com(
                    .clk(clk),
                    .rst n(1),
                    .sw1(sw1),
                    .sw2(sw2),
                    .scl(scl),
                    .sda(sda),
                    .dis data(dis data)
                        );

    led seg7 led seg7(
                    .clk(clk),
                    .rst n(1),
                    .dis data(dis data),
                    .sm cs1 n(sm cs1 n),
                    .sm cs2 n(sm cs2 n),
                    .sm db(sm db)
                        );

    endmodule
    // IIC
    module iic com(
            clk,rst n,
            sw1,sw2,
            scl,sda,
            dis data
        );

    input    clk;           // 50MHz
    input    rst_n;
```

```verilog
input    sw1,sw2;     //12,(12)
output   scl;         // 24C02
inout    sda;         // 24C02
output   [7:0]       dis data;


//--------------------------------------------
reg      sw1 r,sw2 r;    //20ms
reg      [19:0]  cnt 20ms;   //20ms

always @ (posedge clk or negedge rst n)
begin
     if(!rst n) cnt 20ms <= 20'd0;
     else cnt 20ms <= cnt 20ms+1'b1;
end

always @ (posedge clk or negedge rst n)
begin
 if(!rst n)
 begin
     sw1 r <= 1'b1; //1
     sw2 r <= 1'b1;
 end
 else
     if(cnt 20ms == 20'hfffff)
     begin
         sw1 r <= sw1;   //1
         sw2 r <= sw2;   //2
     end
end
//--------------------------------------------
reg      [2:0]        cnt;
reg      [8:0]   cnt delay;
reg  scl r;
always @ (posedge clk or negedge rst n)
begin
     if(!rst n) cnt delay <= 9'd0;
     else
         if(cnt delay == 9'd499) cnt delay <= 9'd0;
             else cnt delay <= cnt delay+1'b1;
end

always @ (posedge clk or negedge rst n)
begin
     if(!rst n) cnt <= 3'd5;
     else
     begin
```

```
       case (cnt delay)
       9'd124: cnt <= 3'd1;    //cnt=1:scl,
       9'd249: cnt <= 3'd2;    //cnt=2:scl
       9'd374: cnt <= 3'd3;    //cnt=3:scl,
       9'd499: cnt <= 3'd0;    //cnt=0:scl
       default: cnt <= 3'd5;
       endcase
  end
end

`define SCL POS        (cnt==3'd0)     //cnt=0:scl
`define SCL HIG        (cnt==3'd1)     //cnt=1:scl,
`define SCL NEG        (cnt==3'd2)     //cnt=2:scl
`define SCL LOW        (cnt==3'd3)     //cnt=3:scl,

always @ (posedge clk or negedge rst n)
begin
     if(!rst n) scl r <= 1'b0;
     else
         if(cnt==3'd0) scl r <= 1'b1;    //scl
         else
             if(cnt==3'd2) scl r <= 1'b0;    //scl
end

assign scl = scl r; //iic
//-----------------------------------------------
     //24C02

`define        DEVICE READ     8'b1010 0001    //
`define        DEVICE WRITE       8'b1010 0000    //
`define        WRITE DATA      8'b1001 1100    //EEPROM
`define        BYTE ADDR          8'b0000 0011    ///EEPROM

reg[7:0] db r;        //IIC
reg[7:0] read data;  //EEPROM

//-----------------------------------------------
parameter     IDLE   = 4'd0;
parameter     START1 = 4'd1;
parameter     ADD1   = 4'd2;
parameter     ACK1   = 4'd3;
parameter     ADD2   = 4'd4;
parameter     ACK2   = 4'd5;
parameter     START2 = 4'd6;
parameter     ADD3   = 4'd7;
parameter     ACK3   = 4'd8;
```

```
parameter    DATA    = 4'd9;
parameter    ACK4    = 4'd10;
parameter    STOP1   = 4'd11;
parameter    STOP2   = 4'd12;


reg    [3:0]   cstate; //
reg    sda r;      //
reg    sda link;   //sdainout
reg    [3:0]   num;    //


always @ (posedge clk or negedge rst n)
begin
    if(!rst n)
    begin
        cstate <= IDLE;
        sda r <= 1'b1;
        sda link <= 1'b0;
        num <= 4'd0;
        read data <= 8'b0000 0000;
end
else
case (cstate)
IDLE:
begin
    sda link <= 1'b1;           //sdaoutput
    sda r <= 1'b1;
    if(!sw1 r)
    begin    //SW1,SW2
        db r <= `DEVICE WRITE;
        cstate <= START1;
    end
    else
        cstate <= IDLE;
end
START1:
begin
    if(`SCL HIG)
    begin       //scl
        sda link <= 1'b1;    //sdaoutput
        sda r <= 1'b0;       //sda
        cstate <= ADD1;
        num <= 4'd0;         //num
    end
    else
        cstate <= START1; //scl
```

```verilog
            end
ADD1:
begin
    if(`SCL LOW)
    begin
        if(num == 4'd8)
        begin
            num <= 4'd0;                //num
            sda r <= 1'b1;
            sda link <= 1'b0;           //sda(input)
            cstate <= ACK1;
        end
        else
        begin
            cstate <= ADD1;
            num <= num+1'b1;
            case (num)
            4'd0: sda r <= db r[7];
            4'd1: sda r <= db r[6];
            4'd2: sda r <= db r[5];
            4'd3: sda r <= db r[4];
            4'd4: sda r <= db r[3];
            4'd5: sda r <= db r[2];
            4'd6: sda r <= db r[1];
            4'd7: sda r <= db r[0];
            default: ;
            endcase
        end
    end

    else
        cstate <= ADD1;
end
ACK1:
begin
    if(/*!sda*/`SCL NEG)
    begin   //24C01/02/04/08/16
        cstate <= ADD2;
        db r <= `BYTE ADDR; //
    end
    else
        cstate <= ACK1;
end
ADD2:
begin
    if(`SCL_LOW)
```

```
        begin
            if(num==4'd8)
            begin
                num <= 4'd0;               //num
                sda r <= 1'b1;
                sda link <= 1'b0;          //sda(input)
                cstate <= ACK2;
            end
            else
            begin
                sda link <= 1'b1;          //sdaoutput
                num <= num+1'b1;
                case (num)
                4'd0: sda r <= db r[7];
                4'd1: sda r <= db r[6];
                4'd2: sda r <= db r[5];
                4'd3: sda r <= db r[4];
                4'd4: sda r <= db r[3];
                4'd5: sda r <= db r[2];
                4'd6: sda r <= db r[1];
                4'd7: sda r <= db r[0];
                default: ;
                endcase
                cstate <= ADD2;
            end
        end
            else
                cstate <= ADD2;
end
ACK2:
begin
    if(`SCL NEG)
    begin
        if(sw1 r)
        begin
            cstate <= DATA;
            db r <= `WRITE DATA;
        end
        else
            if(!sw1 r)
            begin
                db r <= `DEVICE READ;
                cstate <= START2;
            end
    end
        else
```

```
                    cstate <= ACK2;
        end
        START2:
        begin   //
            if(`SCL LOW)
            begin
                sda link <= 1'b1;   //sdaoutput
                sda r <= 1'b1;      //sda
                cstate <= START2;
            end
            else
                if(`SCL HIG)
                begin   //scl
                    sda r <= 1'b0;      //sda
                    cstate <= ADD3;
                end
                else
                    cstate <= START2;
        end
        ADD3:
        begin
            if(`SCL LOW)
            begin
                if(num==4'd8)
                begin
                    num <= 4'd0;            //num
                    sda r <= 1'b1;
                    sda link <= 1'b0;       //sda(input)
                    cstate <= ACK3;
                end
                else
                begin
                    num <= num+1'b1;
                    case (num)
                    4'd0: sda r <= db r[7];
                    4'd1: sda r <= db r[6];
                    4'd2: sda r <= db r[5];
                    4'd3: sda r <= db r[4];
                    4'd4: sda r <= db r[3];
                    4'd5: sda r <= db r[2];
                    4'd6: sda r <= db r[1];
                    4'd7: sda r <= db r[0];
                    default: ;
                    endcase
                    cstate <= ADD3;
                end
```

```
        end
    else
        cstate <= ADD3;
end
ACK3:
begin
    if(/*!sda*/`SCL NEG)
    begin
        cstate <= DATA;
        sda link <= 1'b0;
    end
    else
        cstate <= ACK3;
end
DATA:
begin
    if(!sw1 r)
    begin
        if(num<=4'd7)
            begin
                cstate <= DATA;
                if(`SCL HIG)
                begin
                    num <= num+1'b1;
                    case (num)
                    4'd0: read data[7] <= sda;
                    4'd1: read data[6] <= sda;
                    4'd2: read data[5] <= sda;
                    4'd3: read data[4] <= sda;
                    4'd4: read data[3] <= sda;
                    4'd5: read data[2] <= sda;
                    4'd6: read data[1] <= sda;
                    4'd7: read data[0] <= sda;
                    default: ;
                    endcase

                end
            end
            else
                if((`SCL LOW) && (num==4'd8))
                begin
                    num <= 4'd0;               //num
                    cstate <= ACK4;
                end
                else
                    cstate <= DATA;
```

```verilog
                    end
                else
                    if(sw1 r)
                    begin
                        sda link <= 1'b1;
                        if(num<=4'd7)
                        begin
                            cstate <= DATA;
                            if(`SCL LOW)
                            begin
                                sda link <= 1'b1;          //sdaoutput
                                num <= num+1'b1;
                                case (num)
                                4'd0: sda r <= db r[7];
                                4'd1: sda r <= db r[6];
                                4'd2: sda r <= db r[5];
                                4'd3: sda r <= db r[4];
                                4'd4: sda r <= db r[3];
                                4'd5: sda r <= db r[2];
                                4'd6: sda r <= db r[1];
                                4'd7: sda r <= db r[0];
                                default: ;
                                endcase
                            end
                        end
                        else
                            if((`SCL LOW) && (num==4'd8))
                            begin
                                num <= 4'd0;
                                sda r <= 1'b1;
                                sda link <= 1'b0;          //sda
                                cstate <= ACK4;
                            end
                            else
                                cstate <= DATA;
                    end
            end
    ACK4:
    begin
        if(`SCL NEG)
        begin
            cstate <= STOP1;
        end
        else
            cstate <= ACK4;
    end
```

```
    STOP1:
    begin
        if(`SCL LOW)
        begin
            sda link <= 1'b1;
            sda r <= 1'b0;
            cstate <= STOP1;
        end
        else
            if(`SCL HIG)
            begin
                sda r <= 1'b1;  //sclsda
                cstate <= STOP2;
            end
            else
                cstate <= STOP1;
    end
    STOP2:
    begin
        if(`SCL LOW)
            sda r <= 1'b1;
        else
            if(cnt 20ms==20'hffff0)
                cstate <= IDLE;
            else
                cstate <= STOP2;
    end
    default: cstate <= IDLE;
    endcase
end

assign sda = sda link  sda r:1'bz;
assign dis data = read data;

//-----------------------------------------------
endmodule



//
module led seg7(
        clk,rst n,
        dis data,
        sm cs1 n,sm cs2 n,sm db
            );
```

```verilog
    input        clk;        // 50MHz
    input        rst_n;

    input[7:0] dis_data;
    output sm_cs1_n,sm_cs2_n;
    output[6:0] sm_db;

    reg[15:0] cnt;
    always @ (posedge clk or negedge rst_n)
    begin
        if(!rst_n) cnt <= 8'd0;
        else cnt <= cnt+1'b1;
    end
    //-----------------------------------------------------------------------
----------        ,

    parameter seg0    = 7'b0111111,
              seg1    = 7'b0000011,//0
              seg2    = 7'b1101101,//1
              seg3    = 7'b1100111,//2
              seg4    = 7'b1010011,//3
              seg5    = 7'b1110110,//0
              seg6    = 7'b1111110,//1
              seg7    = 7'b0100011,//2
              seg8    = 7'b1111111,//3
              seg9    = 7'b1110111,
              sega    = 7'b1110111,
              segb    = 7'b1111111,
              segc    = 7'b0111100,
              segd    = 7'b0111111,
              sege    = 7'b1111001,
              segf    = 7'b1111000;

    reg[6:0] sm_dbr;
    wire[3:0] num;
    assign num = cnt[15] dis_data[7:4] : dis_data[3:0];
    assign sm_cs1_n = cnt[15];
    assign sm_cs2_n = ! sm_cs1_n;

    always @ (posedge clk)
    begin
        case (num)  //NUM
        4'h0: sm_dbr <= seg0;
        4'h1: sm_dbr <= seg1;
        4'h2: sm_dbr <= seg2;
```

```
                4'h3: sm dbr <= seg3;
                4'h4: sm dbr <= seg4;
                4'h5: sm dbr <= seg5;
                4'h6: sm dbr <= seg6;
                4'h7: sm dbr <= seg7;
                4'h8: sm dbr <= seg8;
                4'h9: sm dbr <= seg9;
                4'ha: sm dbr <= sega;
                4'hb: sm dbr <= segb;
                4'hc: sm dbr <= segc;
                4'hd: sm dbr <= segd;
                4'he: sm dbr <= sege;
                4'hf: sm dbr <= segf;
                default: ;
                endcase
            end
            assign sm db = sm dbr;
            endmodule
```

 项目实施

一、编辑调试模块代码

（1）启动 Quartus II 开发环境，执行"File"→"New Project Wizard"命令，新建工程，依据向导提示指定工程目录名为"..\IIC"，工程名为"v"，顶层实体名为"IIC"，指定目标芯片为"EP2C35F672C8"。

（2）执行"File"→"New"命令，向当前工程中添加 Veillog HDL 文件，在文本编辑区输入"I²C 接口控制"模块源代码，并以"IIC.v"为文件名保存到工程文件夹根目录下。

（3）执行"Processing"→"Start Compilation"命令或单击 ▶ 图标开始编译。如果编译报错，可根据错误提示重新检查并修改程序，直到编译成功。

二、分配引脚

1. 新建 tcl 脚本文件

执行"File"→"New"命令或单击 🗋 图标，在弹出的对话框中选择"Design Files"→"Tcl Script Files"选项后，单击"OK"按钮，然后在文本编辑区输入引脚分配描述脚本，检查无误后单击 💾 图标并以"IIC.tcl"为文件名保存该脚本文件。

2. Run tcl 文件

在 Quartus II 主界面执行"Tools"→"Tcl Scripts"命令，如图 2.6 所示。

在弹出的"Tcl Scripts"对话框中选中刚才新建的"IIC.tcl"脚本文件，然后单击"Run"按钮，分配成功后，在弹出"Quartus II"提示框中单击"OK"按钮关闭提示框，返回"Tcl Scripts"

对话框后单击"OK"按钮完成引脚分配。

三、配置

在 Quartus II 主界面执行"Assignments"→"Devices"命令，在弹出的"Devices"配置对话框中单击"Device and Pin Options"按钮，然后在弹出"目标芯片属性"对话框左侧选择"Configuration"选项，然后在该对话框右侧"Use configuration device:"栏的下拉菜单中选择"EPCS16"选项，单击"OK"按钮完成配置。

四、编译

在 Quartus II 主界面执行"Processing"→"Start Compilation"命令或单击 ▶ 图标开始编译。如果编译报错，可根据错误提示重新检查引脚分配或目标芯片设置，直到编译成功。

五、下载

1. 硬件连接

先把下载器 10 针接口一端与实训平台的"JTAG"接口相连，另一端经 USB 数据线与计算机相连，检查无误后给实验板供上电。

2. 选择下载硬件

在 Quartus II 主界面执行"Tools"→"Programmer"命令或单击 🖐 图标，在弹出"Programmer"对话框左上角单击"Hardware Setup"按钮，然后在弹出"下载硬件设置"对话框的"Currently selected hardware:"栏中的下拉菜单中选择"USB-Blaster[USB-0]"选项，然后单击"Close"按钮关闭对话框，完成下载硬件设置。

3. 下载

在"Programmer"对话框中，首先选中"Mode"栏下拉菜单的"JTAG"选项，然后单击"Add File"按钮导入"IIC.sof"文件，在确认"Program/Configure"栏目打"√"后，单击"Start"按钮，完成下载。

下载成功后，根据设计要求检查项目效果。

 拓展练习

自己编程实现两个字节的写入和读出。